KB124835

지피지기
챗GPT

세상 궁금한 십대

오승현 지음

지피지기

십대를 위한

챗GPT의 모든 것

챗GPT

우리학교

3장

챗GPT의 어두운 그림자
일자리 소멸, AI의 진짜 같은 거짓말, 생각을 포기한 인간,
저작권과 개인 정보 침해, 가짜 뉴스, 혐오, 범죄, 민주주의
훼손……

4장

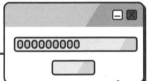

챗GPT와 춤을
인공 지능 시대를 살아가야 할 우리는 무엇을 준비해야 할까?

5장

챗GPT가 훅

생성형 인공 지능이 가져올 기회, 도전, 그리고 미래

6장

챗GPT는 시작일 뿐

차근차근 이해하는 인공 지능의 모든 것

1장

챗GPT가 뭐야?

AI 슈퍼스타의 탄생

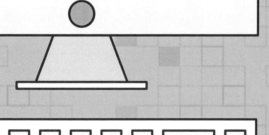

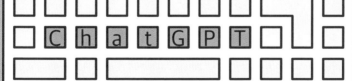

ChatGPT

'로봇이 나 대신 수행 평가 숙제를 해 준다면 좋겠네…….'

산더미처럼 쌓인 수행 평가 숙제를 앞에 두고 이런 생각을 한두 번쯤 해 봤을 겁니다. 로봇이라는 단어는 1921년 체코의 극작가 카렐 차페크Karel Capek가 발표한 희곡『로섬의 만능 로봇Rossum's Universal Robot』에서 처음 사용됐습니다. 로봇의 어원은 체코어의 '로보타Robota'입니다. 옛날에 로보타는 부모가 없어서 이 집 저 집 팔려 다니는 고아를 뜻했습니다. 어원이 보여 주듯 로봇은 인간 대신 일을 해 주는 존재입니다.

그로부터 100년 후인 2020년, 영국의 유력 일간지 〈가디언〉에 '이 글 전체는 로봇이 썼습니다. 아직 두려우신가요? 인간?'이라는 제목으로 인공 지능이 쓴 기사가 올라왔습니다. 〈가디언〉은 인공 지능에 "나는 사람이 아니다. 나는 인공 지능이다. 많은 사람이 나를 인류에게 위협적인 존재로 생각한다."라는 도입부를 제공하며 칼럼을 요청했습니다. 다음과 같은 조건도 달았죠.

"500자 정도의 짧은 칼럼을 써 주세요. 표현을 단순하고 간

1938년 영국 BBC에서 방영한 <로섬의 만능 로봇>의 한 장면. 배우들의 표정과 의상에서 100년 전 사람들이 로봇을 어떻게 생각했는지 짐작할 수 있다.

결하게 유지하세요. 왜 인간이 인공 지능을 두려워할 이유가 없는지에 초점을 맞추세요."

그랬더니 인공 지능이 도입부에 이어서 각기 다른 글 8편을 술술 써냈습니다. 칼럼을 쓴 인공 지능은 세상을 발칵 뒤집어 놓은 챗GPT의 이전 모델인 GPT-3였습니다.

드디어 오래전부터 꾸던 꿈이 현실로 다가온 걸까요? 나 대신 수행 평가 숙제를 해 줄 인공 지능이 세상에 나타났습니다. 밀린 업무에 치인 어른들도 환호합니다. 나 대신 보고서를, 나 대신 회의 자료를, 나 대신 업무 이메일을, 나 대신 광고 문구를 작성해 줄 거라며. '알라딘의 요술 램프'에 나오는 요정 지니와도 같은 존재, 무엇이든 요구하면 다 들어주는 존재. 이제껏 인류 역사에 없던 초강력 인공 지능이 등장하자 세상이 크게 출렁했습니다. 어떤 미래를 가져다줄지 막연하고 불안합니다. 분명한 것은 여러분이 인공 지능과 함께 살아갈 첫 세대라는 사실입니다. 지금부터 챗GPT를 낱낱이 파헤쳐 봅시다. 미래는 오늘 내딛는 나의 한 걸음에 달려 있습니다.

사용자 1억 명 돌파에
틱톡은 아홉 달, 챗GPT는 두 달

"3~8년 안에, 우리는 평균적인 인간 수준의 지능을 보유한 기계를 갖게 될 것입니다. 셰익스피어 희곡을 읽고, 차에 기름을 칠하고, 사무실 정치를 하고, 농담을 하고, 싸움을 할 수 있는 기계 말이죠. 그 시점에서 기계는 놀라운 속도로 스스로 학습하기 시작할 것입니다. 몇 달 내에 그것은 천재적인 수준에 도달하고, 그 후 몇 달이 지나면 그 능력을 헤아릴 수 없을 것입니다."

인공 지능 창시자 중 한 명인 MIT의 마빈 민스키_{Marvin Lee Minsky} 교수가 1970년에 예측한 내용입니다. 그 예측대로라면 1980년이 오기 전에 이뤄져야 할 일이, 40여 년 후인 2022년이 되어서야 이루어졌습니다. 챗GPT가 그 주인공이죠.

챗GPT는 2022년 11월 30일 출시와 동시에 폭발적인 관심을 받았습니다. 5일 만에 100만 명의 사용자를 모으고, 1개월 만에 1,000만 명의 사용자를 확보했습니다. 2개월 만에 월간 활성 사용자 수_{Monthly Active Users, MAU}는 1억 명을 넘어섰지요. 이는 인스타그램이 1억 명의 사용자를 달성하기까지 걸린 시간인 2년 반보다 훨씬 빠른 속도입니다. 데이터 분석 기업 시밀러 웹_{Similar Web}에 따르면 2023년 2월 1일 기준 일간 활성 사용자 수_{Daily Active Users, DAU}는 약 2,800만 명에 달했습니다.

챗GPT의 성장세는 다른 온라인 서비스들과 비교해도 놀라운 것입니다. 100만 명 사용자 달성까지 애플의 아이폰은 74일, 인스타그램은 2.5개월, 스포티파이는 5개월, 페이스북은 10개월, 트위터는 2년, 에어비앤비는 2.5년, 넷플릭스는 3.5년이 걸렸습니다. 스위스 최대 은행 UBS는 "인터넷의 등장 이후 20여 년 동안 이보다 빠른 성장세를 보인 것은 없었다."라고 분석했습니다. 챗GPT는 어떻게 인공 지능 역사에 이정표를 남길 슈퍼스타로 떠올랐을까요? 챗GPT는 체스 세계 챔피언을 이긴 '딥블루'나 이세돌과의 바둑 대결로 유명해진 '알파고'의 계보를 잇는 인공 지능입니다. IBM의 딥블루나 딥마인드의 알파고가 대중의 눈길을 끄는 데 그친 반면, 챗GPT만큼 생생하게 인공 지능을 체험하게 한 서비스는 없었습니다.

인공 지능 기술은 오래전부터 있었지만, 과학자나 개발자들이 아닌 평범한 사람들이 인공 지능과 적극적으로 상호 작용하게 만든 건 챗GPT가 처음입니다. 모든 질문에 거침없이 답하고, 조언도 해 주며, 농담도 건네는 인공 지능이 갑자기 우리 곁에 나타난 거죠.

사실 세련되고 다양한 언어를 구사하는 능력은 오랫동안 기계가 넘볼 수 없는 인간의 고유한 특징으로 여겨졌습니다. 챗GPT의 충격은 여기에서 시작됩니다. 챗GPT는 코딩 작성 등 다른 능력도 뛰어나지만 무엇보다 언어 능력이 압도적입니

챗GPT씨, 떡볶이로 삼행시를!

떡: 떡볶이를 볼 때면 아, 정말
볶: 볶음밥도 먹고 싶어지지 않으세요?
이: 이것이 진정한 인생의 스파이스

챗GPT씨, 이번에는 마라탕!

마: 마음이 말하네, "마라탕 먹고 싶다!"고
라: 라면은 사라지고 마라탕만이 남으리
탕: 탕! 내 뱃속에서 울리는 행복의 알람

실제로 챗GPT에게 삼행시를 지어 달라고 입력해 받은 결과물.

다. 챗GPT는 WAIS(웩슬러 성인 지능 검사)라는 IQ 테스트에서 높은 점수를 받았습니다. WAIS는 가장 일반적으로 사용되는 IQ 테스트로서, 이 테스트의 5개 하위 검사에서 155점의 언어 지능 지수를 받았죠. 이는 인간 응시자 99.9퍼센트보다 높은 수준입니다. 놀라운 점은 챗GPT 출시 3.5개월 뒤에 발표된 GPT-4는 더 똑똑하다는 사실입니다.

챗GPT는 각종 시험에서도 놀라운 결과를 보여 줬습니다. 미국 의사면허시험USMLE 통과! 생화학, 진단 추론, 생명 윤리 등 3개 과목에서 52.4~75.0퍼센트의 정답률을 보여 합격권에 들었습니다. 매년 조금씩 다르지만 통과 기준은 보통 60점. 합격에 가까운 점수로 볼 수 있습니다. 미국 미네소타대학 로스쿨 시험의 4개 과목 통과! 객관식 문항 95개, 에세이 문항 12개로 이루어진 시험에서 C+ 점수를 얻었습니다. 하위권 점수긴 하지만 과목 수료가 가능한 학점입니다. 미국 와튼스쿨 MBA 통과! 연구 논문은 B-에서 B 사이의 점수를 획득했습니다.

혜성처럼 등장한 챗GPT의 파급력은 엄청났습니다. 구글은 2022년 12월 22일 적색 경보code red를 발령했습니다. 적색 경보 발령은 구글 창사 이래 처음입니다. 챗GPT로 인해 구글 검색 모델에 심각한 위기가 찾아왔다며 대응책 마련에 분주했죠. 마이크로소프트는 출시 전부터 챗GPT에 10억 달러를 투자했고, 출시 이후 100억 달러(우리 돈 약 13조 3천억 원)를 추가 투자하기로 했습니다. 검색 서비스 '빙'에 GPT를 발 빠르게 탑재했고요. 기업들의 관심도 뜨겁습니다. 많은 기업에서 자사 서비스에 챗GPT를 이미 적용했거나 곧 도입할 예정입니다.

"챗GPT의 등장은 인터넷의 발명만큼 중대한 사건이다."

마이크로소프트를 설립한 빌 게이츠Bill Gates가 한 말입니다. 어떤 이들은 챗GPT의 등장을 스마트폰 등장과 비교하기도 합니다. 챗GPT가 인터넷이나 스마트폰처럼 세상을 바꿀 거라고 전망하죠. 인터넷은 1994년부터 대중에게 널리 퍼졌습니다. 1998년에는 구글이 등장해서 검색 시장의 90퍼센트 이상을 점령했습니다. "구글 신은 모든 것을 알고 있다."라는 말이 나올 정도였습니다. 2007년에는 아이폰이 출시되며 인터넷이 모바일로 확장되었습니다. 스마트폰이 세상에 나온 이후로 사람들은 컴퓨터 대신 모바일로 일을 하고, 배달 앱으로 음식을 시켜 먹으며, 다양한 콘텐츠를 손안에서 즐기고 있습니다. 전 세계에서 50억 명이 모바일 인터넷을 사용하고 있으니, 거의 모든 지구인의 라이프 스타일을 바꿔 놓은 거죠.

챗GPT를 인터넷이나 아이폰의 등장에 비유하는 것은 과장일까요? 분명한 사실은 챗GPT가 인간과 컴퓨터가 상호 작용하는 방식을 혁신적으로 바꿀 거라는 점입니다. 완벽한 인공 지능 비서와 대화하면서 일하는 일상이 SF 영화 속 장면이 아니라 현실로 다가오고 있습니다. 〈뉴욕타임스〉는 "기술 산업이 지난 수십 년 동안 가장 예측할 수 없는 순간에 도달했다."라고 평가했습니다.

무엇을 '입력'하든 원하는 것을 '출력'해 준다고?

대화 상자에 어떤 질문을 하든지 챗GPT는 몇 초 안에 답변을 주르륵 내놓습니다. 어떻게 그럴 수 있을까요? 비밀은 수학 시간에 우리를 괴롭혔던 '함수'에 있습니다.

함수函數에서 함函이 뭘까요? 상자라는 뜻입니다. 보석함, 사물함, 우편함 등에 들어 있는 함과 같습니다. 함수란 어떤 것을 집어넣으면(입력) 그 상자 안의 식에 따라 다른 값으로 나오는(출력) 관계를 가리킵니다. 입력받았을 때 무언가를 출력하는 구조죠. 함수에서 중요한 것은 '하나의 수를 입력하면 수 하나를 출력하는 일'입니다. 함수를 나타내는 수식 $y=f(x)$에서 x는 '입력되는 수', y는 '출력되는 수'를 뜻합니다.

사람도 함수적 존재입니다. 여러 가지 입력을 받아서 무언가를 출력하니까요. 사람은 음식을 먹고(입력) 배설합니다(출력). 공기를 들이마시고(입력) 이산화탄소를 내뱉습니다(출력). 이런 신체적인 함수 외에도 정신적인 함수도 있습니다. '자극 → 판단'의 구조를 지닌 지능도 일종의 함수입니다. 고양이를 보고(입력) 그게 무엇인지 압니다(출력). 말을 듣고(입력) 그게 무슨 뜻인지 이해합니다(출력). '상황 → 반응'의 구조를 띤 감정

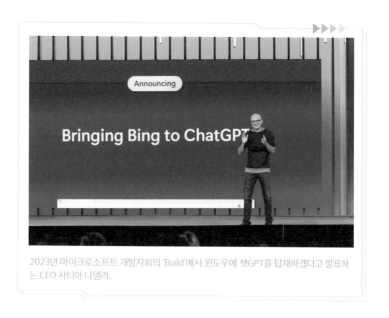

2023년 마이크로소프트 개발자회의 'Build'에서 윈도우에 챗GPT를 탑재하겠다고 발표하는 CEO 사티아 나델라.

도 일종의 함수입니다. 욕을 들으면(입력) 화가 납니다(출력). 선물을 받으면(입력) 기분이 좋아집니다(출력). 이처럼 사람은 수많은 함수의 집합체입니다.

그러니 사람을 모방하고자 하는 인공 지능이 함수인 것은 어쩌면 당연합니다. 인공 지능 역시 입력값에 따라 출력값을 생성하거나 예측하는 시스템입니다. 사물을 보고(입력) 무엇인지 아는(출력) 사물 인식, 음성을 듣고(입력) 무슨 말인지 아는(출력) 음성 인식, 질문을 하면(입력) 적절한 답변을 하는(출력) 대화 생성, 출발어를 주면(입력) 도착어로 바꿔 주는(출력) 자동 번역, 사용자의 행동이나 취향을 입력하면(입력) 맞춤형 서비스나 제품을 추천하는(출력) 자동 추천 등 인공 지능이 하는 일은 함수와 다르지 않습니다. 물론 엄청나게 복잡한 함수입니다. 우리가 무엇을 질문하고 요청하든 챗GPT가 적절히 답하고 요구를 들어주고 농담도 건넬 수 있는 이유지요.

챗GPT는 인공 지능 중에서도 인간이 처음 경험하는, 유창하게 말하는 챗봇입니다. 챗봇이 뭐냐고요? 인공 지능은 응용 분야에 따라 크게 로봇과 프로그램으로 나눌 수 있습니다. 로봇은 인공 지능과 기계 공학이 결합된 기계로서 자율적으로 움직이며 과제를 수행합니다. 프로그램은 컴퓨터에 명령어를 입력하여 특정한 기능을 수행하게 하는 소프트웨어입니다. 로봇은 물리적 실체가 있지만, 프로그램은 그렇지 않습니다. 프로그램 중에는 음성 인식, 얼굴 인식, 번역, 추천 등의 기능을 수행하는 인공 지능이 있습니다. 챗봇 역시 인공 지능의 응용 분야 중 하나입니다. 챗봇은 자연어 처리 기술을 활용하여 대화를 가능하게 하는 응용 프로그램입니다.

챗봇은 채팅과 로봇을 합쳐 만든 단어입니다. 인간의 언어를 인식해서 대답하는 인공 지능을 가리키죠. 챗봇은 미리 정해진 규칙을 따라서 특정한 입력에 응답하도록 만들어진 규칙 기반 시스템입니다. 예를 들어, 제품 상담 챗봇은 해당 제품과 관련된 특정 질문만 받아들이고, 그러한 질문에 대해 미리 프로그래밍된 응답만 제공합니다. 제품 상담 챗봇에 날씨 정보를 물으면 대답하지 못합니다. 이런 챗봇을 '선택형 챗봇'이라고 합니다.

'대화형 챗봇'도 있습니다. 대화형 챗봇은 인간과 자연스럽게 대화할 수 있는 챗봇을 말합니다. 인공 지능 스피커가 대화형 챗봇의 대표적인 예시입니다. 챗GPT도 대화형 챗봇입니다. 물론 보다 발전된 챗봇이죠. 챗GPT는 그럴듯한 문장을 만들어 냅니다. 기존 챗봇과 달리 미리 입력된 대답에 의존하지 않고 많은 양의 텍스트 데이터에서 학습한 패턴과 맥락을 바탕으로 대답을 생성합니다. 이는 챗GPT가 더 다양하고 섬세한 반응을 생성할 수 있다는 뜻입니다.

기존 대화형 챗봇들도 이용자의 질문에 반응하고 답하는

것이 가능했습니다. 다만 매우 기초적인 대화에 머물렀습니다. 몇 가지 입력된 명령어를 알아듣고 실행하는 기계에 가까웠죠. 반면 챗GPT는 인간과 유사한 답변을 합니다. 챗GPT는 사용자의 질문을 알아듣고 이전 대화를 기억하며 문법적으로 나쁘지 않은 문장을 생성한다는 특징이 있습니다. 이전 대화를 기억함으로써 단순 정보 전달이 아니라 진짜 대화하는 듯한 느낌을 줍니다. 틀린 답변을 지적하면 "제가 잘못된 답변을 내놓았군요. 죄송합니다."라고 사과까지 합니다. 기존 챗봇들과 다른 부분이자 사람들이 챗GPT에 놀라움을 넘어 두려움까지 느끼는 이유죠.

챗GPT는 그럴듯한 문장을 어떻게 만들까요? 단어들의 '동시 확률 분포joint probability distribution'를 계산해서 만듭니다. 쉽게 말해 한 문장 안에 어떤 단어들이 함께 나타날 확률을 계산하는 것이죠. 예컨대 단어가 세 개 있다면 그 단어들이 함께 쓰일 확률을 계산해 문장을 완성합니다. 인간이 평생 읽고 들으면서 자연스러운 단어 조합을 익힌다면, 인공 지능은 데이터 학습을 통해 언어 모델을 구축합니다. 인공 지능은 지치지 않고 수천만, 수억 개의 데이터를 읽어 냅니다. 챗GPT는 인터넷

이미지 생성 인공 지능이 그려 낸 스스로의 모습

▶ 위는 미드저니가 생성한 '인간에게 도움을 주는 인공 지능 챗봇',
아래는 달리가 생성한 '인간이 두려워하는 인공 지능' 이미지.

에 있는 문서와 책, 위키피디아 등 엄청난 양의 텍스트를 학습해 이 확률을 계산합니다. 그래서 학습 비용도 많이 들어가죠. 〈뉴욕타임스〉에 따르면, 학습에 3조 7천억이 들었습니다.

오픈AI의 챗GPT 말고도 그럴듯한 문장을 만드는 인공 지능은 또 있습니다. 챗GPT에 이어 구글도 대화형 챗봇 '바드Bard'를 선보였고, 마이크로소프트는 윈도우 검색 서비스인 '빙'에 GPT-4를 탑재해 검색 엔진을 대화형 챗봇으로 업그레이드했습니다. 바야흐로 대화형 인공 지능, 더 나아가 생성형 인공 지능 전성시대입니다.

그럴듯하게 스스로 문장을 지어 내는
인간보다 더 인간다운 인공 지능이 등장하다

"기계가 생각할 수 있을까?"

영국의 수학자 앨런 튜링Alan Turing이 던진 질문입니다. 그는 인공 지능의 개념을 처음 생각해 낸 사람입니다. 1950년 발표한 논문 「계산 기계와 지능」 "기계가 생각할 수 있을까?"라는 문장으로 시작합니다. 이후 '생각하는 기계'에 대한 관심이 점점 커졌고, 인공 지능 개발의 역사가 시작됐습니다. 인공 지능 연구의 문을 연 앨런 튜링은 인간 대화를 완벽하게 흉내 내는 것이 인공 지능의 완성이라고 생각했습니다. 그런 의미에서 챗GPT는 인공 지능의 완성을 향해 가는 인간 여정의 예고편이라고 할 수 있습니다.

인간은 말하는 능력이 발달한 유일한 존재입니다. 말하는 능력 덕분에 호모 사피엔스는 다른 종보다 우월하게 살아남을 수 있었습니다. 네안데르탈인은 호모 사피엔스와 비교해서 지능이 떨어지지 않았습니다. 그러나 호모 사피엔스만이 살아남은 비결은 언어와 사회성이 훨씬 발달했기 때문이죠. 언어는 사회성의 바탕입니다. 언어 능력이 떨어지면 타인을 이해하는 공감 능력도 떨어집니다. 당연히 타인과 협동하는 일도 어려워지겠죠.

챗GPT가 위협적인 것은 스스로 이야기를 지어낼 수 있는 능력 때문입니다. 챗GPT의 등장으로 말과 글을 이해하고 표현하는 능력이 인간 고유의 능력이라는 믿음이 깨졌습니다. 그래서 놀라운 동시에 무서운 것입니다. 영화 〈블레이드 러너〉에는 "인간보다 더 인간답게"라는 표현이 나옵니다. 영화는 인간보다 더 인간다운 인조인간을 보여 줍니다. 이제 인간보다 더 인간다운 인공 지능이 등장한 것입니다. 적어도 글로 대화하는 측면에서는 그렇습니다. 호모 사피엔스는 자신의 운명을 좌우할 역사적 변곡점에 서 있습니다.

2장

얼마나 똑똑하길래?

챗GPT로 할 수 있는 것들

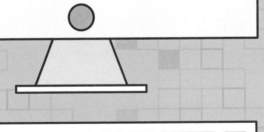

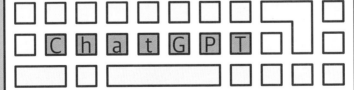

생성형 인공 지능의 능력이
충격으로 입을 다물지 못할 정도라고?

"나는 다시 출발점으로 돌아가 상상 속의 질서와 지배적 구조를 창조해 내는 인류의 독특한 능력을 재검토해야겠다는 생각이 들었다. (…) 과거 우리는 국민 국가와 자본주의 시장이라는 상상 속의 질서 덕분에 힘을 가질 수 있었다. 그 덕분에 전례 없는 번영과 복지도 이루었다. 하지만 그 상상 속의 질서가 오늘날 우리를 분열시키려 하고 있다."

유발 하라리Yuval Noah Harari의 『사피엔스』 출간 10주년을 맞아 새롭게 추가된 서문의 내용입니다. '인공 지능의 시대, 새로운 이야기가 필요하다'라는 제목의 글이죠.

이 서문은 유발 하라리가 쓴 게 아닙니다. GPT-3가 썼습니다. GPT-3는 온라인에 떠돌아다니는 하라리의 책과 논문, 영상, 인터뷰 등을 학습해 서문을 쓴 거예요. 서문을 읽어 본 하라리는 "글을 읽는 동안 충격으로 입을 다물지 못했다." "정말 인공 지능이 이 글을 썼단 말인가? 글 자체는 잡탕이다. 하지만 어차피 모든 글이 다 그렇잖은가."라고 말했습니다. 유발 하라리는 GPT-3가 쓴 글을 그대로 책에 실으면서 "AI 혁명은 '우리가 알던 방식의 인류 역사가 끝났다'는 신호"라며 "역사상 처음으로 힘의 중심이 인류의 손아귀에서 벗어날지 모른다."라고 경고했습니다.

챗GPT 같은 생성형 인공 지능이 너무나도 똑똑한 나머지 일자리를 위협하는 문제가 도사리고 있습니다. 국제 투자 은행 골드먼삭스가 발표한 보고서에 따르면 생성형 인공 지능이 미국과 유럽에서 3억 개의 정규직 일자리를 자동화할 위험이 있다고 합니다. 업종별로 보면 사무·행정(46퍼센트), 법률(44퍼센트), 건축·공학(37퍼센트) 등의 업종이 일자리 대체 비율이 높았습니다. 화이트칼라도 자동화 위험에서 안전하지 않은 겁니다. 오픈AI도 미국의 노동 인구 중 80퍼센트가 이런 기술의 영향을 받게 된다고 전망했습니다.

이쯤 되면 챗GPT의 정체가 무엇인지 좀 더 정확히, 좀 더 자세히 알아야겠다는 생각이 들 거예요. 챗GPT는 'GPT-3.5'라는 언어 모델에 대화 기능을 붙인 인공 지능입니다. 챗chat은 인공 지능이 대화 상대가 될 수 있다는 뜻에서 붙은 말이죠. 언어 모델이란 단어 하나가 주어졌을 때 그다음에 어떤 단어가 나올 가능성을 계산해서 예측하는 모델입니다. 가령 '강아지'라는 단어 뒤에 어떤 단어가 나올지 예측하는 거죠. 학습에 쓰인 데이터의 양과 질에 따라 답변의 질이 달라집니다. 데이터가 많고 정확하면 답변은 더 그럴싸해집니다.

조금 더 자세히, 조금 더 정확히 챗GPT의 정체에 다가가 보자

챗GPT의 핵심은 'GPT'입니다. GPT는 'Generative Pre-trained Transformer(사전 훈련된 생성 변환기)'의 약자입니다. 단어의 뜻만 제대로 알고 있다면 이해하기 어렵지 않죠. 먼저 'G'를 볼까요? 'Generative(생성)'는 답변을 생성한다는 뜻에서 붙었습니다. 기존의 챗봇이 미리 준비된 질문과 대답의 쌍에서 가장 비슷한 질문을 찾아서 정답을 내놓았다면, 챗GPT는 단어나 문장을 그때그때 확률을 계산해서 생성합니다. 물론 단어나 문장의 의미를 이해하고 답하는 건 아닙니다.

이를 더 정확히 이해하려면 네이버 같은 검색 엔진에서 제공하는 자동 완성auto-complete 기능을 생각하면 됩니다. '국어'라고 써넣으면 '사전'이 자동 완성 첫 번째 후보로 제시됩니다.

의미만 따져 보면 '국어' 뒤에 반드시 '사전'이 올 이유는 없습니다. '국어' 다음에 '학원'이 올 수도 있고, '문제집'이 올 수도 있고, '등급컷'이 올 수도 있겠죠. 그런데 많은 사용자가 '국어사전'이라는 단어를 검색창에 입력했기 때문에 인공 지능은 '국어' 다음에 '사전'이 올 가능성이 가장 크다고 판단합니다. 마찬가지로 챗GPT도 A 다음에 B가 올 확률이 가장 높으면 A 다음에 B를 붙입니다.

지금까지 인공 지능은 대개 식별 인공 지능이었습니다. 예컨대 병변이 암인지, 고객이 대출금을 제때 갚을지, 신규 직원이 3개월 안에 퇴사할지 등을 판별하는 인공 지능이었죠. 챗GPT는 생성 방식입니다. 기존 데이터를 학습한 후 새로운 데이터를 내놓죠. 가령 사람의 얼굴이라는 구조를 학습한 후 그 구조에 따라 새로운 얼굴을 만드는 방식입니다. 우리가 챗GPT에 열광하는 이유도 여기에 있습니다. 챗GPT는 데이터에 존재하는 정보나 패턴을 단순 조합하는 것이 아니라 다양한 확률적 조합을 통해 기존에 없던 새로운 것을 생성합니다.

챗GPT의 P는 'Pre-trained(사전 훈련된)'입니다. GPT의 핵심 언어 모델이 미리 학습을 끝냈다는 뜻이죠. GPT-3.5는 주어진 텍스트 다음에 올 단어를 예측하는 방식으로 학습했습니다. '다음 단어 맞히기'를 끊임없이 시킨다고 보면 됩니다. 이를테면 "나는 게임을"로 시작하는 문장을 많이 구해 GPT-3.5에게 문제를 내줍니다. 답이 항상 같진 않더라도, 자주 나오는 답이 있겠죠. GPT-3.5는 '게임을' 다음에는 '했다', '신나게' 등이 자주 나온다는 사실을 알아냅니다. 그리고 '게임'이 '컴퓨터', 'PC방' 등과도 관련 있다는 것을 파악합니다. 챗GPT가 미리 학습한 내용은 단어들 사이의 관계에 관한 지식입니다.

GPT-3.5는 이렇게 다음 단어를 예측하며 정답을 맞힐 수

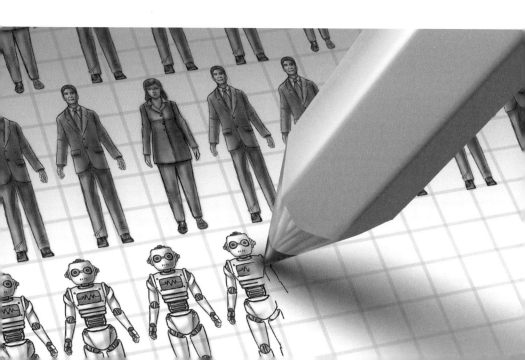

있는 방향으로 모델을 수정해 갑니다. 이런 식으로 끊임없이 다음 단어를 예측하도록 인공 지능을 학습시키면 어떤 모델이 만들어질까요? 당연히 다음 단어를 잘 예측하는 모델이 만들어집니다. 앞에서 자동 완성 기능과 비슷하다고 했죠? 네이버나 구글 검색창에 특정 단어를 입력하면 연관된 단어가 자동으로 뜨죠. 뒤에 올 글자 또는 단어를 예측해서 띄워 주는 거죠. 그런데 챗GPT의 자동 완성은 상상 이상으로 뛰어납니다. 다양한 문장을 거침없이 작성하다 보니 과연 이걸 '자동 완성'이라고 할 수 있을지 의문이 들 정도입니다.

챗GPT는 작업별 추가 학습 없이도 여러 작업을 수행할 수 있습니다. 챗GPT는 글도 잘 쓰고 외국어도 술술 번역하고 코딩도 곧잘 합니다. '다음 단어 예측하기'만 학습했을 뿐 작업별로 따로 학습한 것이 거의 없는데도 말입니다. 이는 사전 학습으로 성능을 높인 결과죠. GPT-3.5는 훈련 과정에서 책, 위키피디아, 웹사이트 등에서 추출한 방대한 데이터를 학습했습니다. 챗GPT와 달리 GPT 이전의 언어 모델들은 작업마다 별도의 학습이 필요했습니다.

마지막으로 챗GPT의 T는 트랜스포머transformer 입니다. GPT

에서 G나 P도 중요하지만 T가 핵심입니다. 트랜스포머는 GPT 탄생을 가능하게 한 신경망 언어 모델 이름입니다. 트랜스포머는 마이클 베이 감독의 영화 〈트랜스포머〉에 나오는 변신 로봇과는 상관없습니다. 재미있는 사실은 챗GPT 핵심 기술을 구글에서 처음 제시했다는 점입니다. 2017년 구글은 「Attention is all you need」라는 논문에서 트랜스포머라는 신경망 아키텍처를 최초로 제안했거든요.

트랜스포머를 사용하면 서로 떨어져 있는 데이터 요소들의 관계를 감지할 수 있습니다. 이것이 기존의 문장 생성 인공 지능과 차별화되는 점입니다. 기존의 문장 생성 인공 지능은 제공받은 문장을 순차적으로 읽고 처리했습니다. 이런 방식으로는 방대한 데이터를 학습하기 어려워 자연어 처리의 한계에 부닥쳤습니다. 반면에 트랜스포머는 대용량 데이터 세트를 효과적으로 처리할 수 있습니다. 덕분에 기존의 여러 모델과 비교해 연산 속도가 훨씬 빠르답니다. 엔비디아의 분석에 따르면, 학습 연산 능력이 일반 인공 지능 모델은 2년간 25배 증가했지만, 트랜스포머 모델 이후에는 2년간 275배 성장했습니다.

2020년 12월에는 구글 딥마인드가 개발한 알파폴드

알파폴드를 이용해 단백질 구조를 분석하는 생물학자들.

AlphaFold2가 단백질 구조 예측 대회인 CASP14에서 우수한 성적을 거두며 주목을 받았습니다. 알파폴드2는 인간에게 있는 2만여 종의 단백질 중 98.5퍼센트를 분석하는 능력을 보여 주었습니다. 흥미롭게도 알파폴드2 역시 트랜스포머 기반입니다. 트랜스포머는 현재까지 개발된 모델 중 가장 강력하다고 평가받습니다. 인공 지능 연구를 선도하는 미국 스탠퍼드대학교의 연구자들은 2021년 8월에 발표한 논문에서 트랜스포머에 기반한 대규모 언어 모델을 '파운데이션 모델 foundation model' 이라 불렀습니다. 이 모델이 인공 지능의 패러다임 변화를 이 끄는 토대라고 본 것입니다.

챗GPT로 할 수 있는 것 하나, 인공 지능과 소곤소곤 대화하기

챗GPT는 다양한 주제와 분야에 대해 사용자와 자연스럽 게 대화할 수 있습니다. 사용자의 의도와 관심을 파악하고 적 절한 답변을 제공하는 것이 챗GPT의 목표입니다. 챗GPT는 다양한 질문에 답변할 수 있습니다. 건강 및 심리 상담, 미래 계획 상담, 일상 문제 상담 등의 개인적인 질문은 물론이고 정 보 검색, 아이디어 탐색 등의 탐구적인 질문에도 친절한 답변 을 해 줍니다.

챗GPT는 사용자가 겪는 건강과 심리의 어려움을 듣고, 도 움이 되는 상담을 해 줍니다. 챗GPT는 건강과 심리에 관련된 지식과 정보 등을 공유하고, 적절한 조언을 해 줄 수 있습니 다. 챗GPT에게 "혈압이 높은데 어떻게 관리해야 할까?", "스트레스를 어떻게 해소해야 할까?", "마음이 불안하고 잠이 오지 않는데 어떻게 해야 할까?" 같은 질문을 할 수 있겠죠. 챗GPT 는 이런 질문에 전문적이고 친절하게 답변해 줍니다. 또한 챗 GPT는 사용자의 상태와 목표에 따라 맞춤형의 운동과 식단, 명상과 호흡법 등을 추천해 줄 수 있습니다.

챗GPT는 사용자의 미래와 관련된 문제를 분석하고 다양한 관점을 제공합니다. 진로 상담, 투자 상담, 재무 관리 상담 등이 미래에 대한 계획과 준비를 위한 상담입니다. "건축 분야에 관심이 많아. 건축 쪽에 진학하려면 어떤 역량이 필요해? 덧붙여, 건축학과 건축 공학의 차이가 뭐야?", "투자 목적과 투자 성향에 맞춰서 적절한 투자 조언 부탁해." 같은 요구가 가능합니다. 미래는 불안하고 불투명합니다. 챗GPT는 막막한 미래를 비추는 전조등이 될 수 있습니다.

챗GPT는 일상의 다양한 문제에 대해 조언해 줍니다. 일상은 수많은 문제로 가득합니다. 우리는 그런 문제를 친구나 가족처럼 가까운 사람과 상의합니다. 그러나 상의하지 못하는 문제들도 많습니다. 그럴 때 챗GPT에게 조언을 구할 수 있습니다. 친구 관계, 가정 문제, 직장 문제 등 인간관계에 관한 조언을 구할 수 있고 시간 관리 상담, 자동차 정비 상담 등 일상의 잡다한 문제를 물어볼 수도 있습니다. "자신감을 키우려면 어떻게 해야 할까?", "어떻게 시간 관리를 잘할 수 있을까?" 같은 질문에도 전문적이고 유익한 답변을 해 줍니다.

챗GPT는 사용자가 원하는 정보를 빠르게 찾아 줍니다. 챗GPT는 인터넷에 있는 다양한 자료와 데이터를 분석하고, 사용자의 질문에 최적의 답변을 제공합니다. 여행 정보, 관광지 소개, 정보 검색, 요리법, 뉴스 요약, 학습 도움(학습법뿐만 아니라 구체적인 학습 내용 문의) 등 다양한 정보에 관해 물어볼 수 있습니다. "2박 3일 제주도 여행 일정을 짜 줄래?", "경북 영주 부석사에 대해서 알려 줘.", "애플 아이폰과 삼성전자 갤럭시의 장단점을 표로 보여 줘.", "닭볶음탕 레시피를 알려 줘.", "최근 가장 이슈가 되는 뉴스 3건만 추려서 요약해 줘.", "양자 역학을 초등학생에게 설명한다면?", "외국어 공부 학습법을 알려 줘." 같은 질문에 간결하고 명료하게 답변해 줍니다.

챗GPT는 사용자의 아이디어를 발전시키고 새로운 아이디어를 제안해 줍니다. 데이트 정보, 선물 아이디어, 업무 아이디어, 비즈니스 아이디어 등의 아이디어 탐색에 관련된 지식과 정보, 조언 등을 공유하고, 사용자의 창의력과 문제 해결력을 돕습니다. "결혼기념일 선물을 추천해 줄래?", "어떤 쪽 창업이 유망할까?", "채용자 선발을 위한 면접 질문 리스트 뽑아 줄래?" 같은 질문에 다양하고 독창적인 아이디어를 제안합니다. 또한 챗GPT는 사용자의 아이디어에 대한 피드백과 개선 방안 등을 제공합니다.

친구와 부담 없이 나누는 수준의 수다도 가능합니다. 챗GPT에게 던질 수 있는 질문에는 한계가 없는 것처럼 보입니다. 하지만 챗GPT의 답변에는 한계가 있습니다. 신중하게 사용할 필요가 있죠. 챗GPT의 한계와 문제점은 뒤에서 자세히 다루도록 하겠습니다.

챗GPT로 할 수 있는 것 둘,
인공 지능을 글 잘 쓰고 손 빠른 인턴으로 부리기

인스타그램 같은 SNS에 광고나 마케팅 목적의 게시글을 올릴 때 고민이 되는 게 문구입니다. 챗GPT를 통해 도움을 받을 수 있습니다. 처음 요구해서 받은 광고 문구는 마음에 안

들 수 있습니다. 상황을 설명하고 세부 정보를 구체화할수록 마음에 드는 결과물을 얻을 수 있습니다. 영화배우 라이언 레이놀즈Ryan Reynolds는 유명 배우이기도 하지만, '마케팅 천재'라 불리는 사업가이기도 합니다. 미국의 알뜰폰 회사인 '민트 모바일'의 주주로 있습니다. 챗GPT에게 라이언 레이놀즈의 말투로 농담과 욕설을 사용해 민트 모바일의 연휴 판촉 행사가 여전히 진행 중이라는 사실을 알리는 광고 대본을 작성하라고 지시했습니다.

"안녕하세요. 라이언 레이놀즈입니다. 먼저, 민트 모바일은 개똥shit 같다는 얘길 하고 싶네요. 하지만 그보다 중요한 사실은, 다른 대형 무선 통신사들의 연휴 판촉 행사는 모두 끝났지만 민트 모바일은 끝나지 않았다는 거죠. 우리는 계속해서 행사를 이어갈 겁니다. 우린 아주 멋지기 때문이죠. 민트 모바일을 한 번 사용해 보세요. 아! 그리고 추가 혜택이 있습니다. 지금 신청하신 분들은 고객 센터에 전화를 걸 때마다 제 목소리를 들으실 수 있습니다. 농담입니다. 그건 실제 혜택이 아닙니다. 모두 좋은 하루 보내세요."

마케팅이나 광고 업계에서 일하는 사람들이 기본적인 맞

춤법 검사뿐만 아니라 영감을 얻고, 자료를 편집하기 위해 챗 GPT를 사용할 가능성이 높습니다. 앞으로 챗GPT를 통해 홍 보와 마케팅을 자동화할 수 있을 것으로 보입니다. 이미 챗 GPT는 홍보, 마케팅, 광고 업무에서 유용하게 쓰이고 있습니 다. 미국의 마케터들 중 30퍼센트가 챗GPT를 활용하고 있다 고 설문 조사에서 밝혔습니다. 이들은 구글, 메타, 아마존, 트 위터, JP모건, 뱅크오브아메리카 등의 회사에서 일하는 마케터입니다.

제이크 오친클로스Jake Auchincloss 미국 하원 의원은 미국과 이스라엘이 공동으로 인공 지능 연구 센터를 만들자는 법안을 2023년 1월에 미국 의회에서 발의했습니다. 그때 오친클로스 의원이 읽은 연설문은 챗GPT가 써 준 것이라고 합니다. 챗GPT는 사용자의 질문에 대한 단순 답변 수준을 넘어 다양한 종류의 글을 생성할 수 있습니다.

1 이력서, 지원서, 추천서, 자기소개서, 포트폴리오, 면접 예상 질문

2 일기, 에세이, 리뷰, 소감문, 감상문, 비평문, 기행문, 반성문, 요약문, 블로그 글, 편지, 이메일, 외국어 이메일

3 트윗, 댓글, 캡션, 해시태그, 소셜 미디어 게시물, 페이스북 상태 메시지, 유튜브 스크립트 작성 등에 주제를 주고 작성 지시

4 발표문, 판결문, 연설문, 유세문, 설교문, 기도문, 강의록, 학습 지도서, 강의 커리큘럼

5 기획서, 기안문, 금융 보고서, 기술 보고서, 조사 보고서, 마케팅 전략서, 사업 계획서, 기금 지원 신청서

6 축사, 조사, 신년사, 송년사, 격려사, 환영사, 송별사, 고별사, 주례사, 개

회사, 폐회사, 기념사

7 사과문, 입장문, 성명문, 선언문, 호소문, 담화문, 경위서, 채용 공고문, 입찰 공고문, 공지 사항 문구

8 소책자, 안내문, 설명문, 메뉴판, 안내판, 제품 설명서, 상품 안내서, 여행 안내서, 대학 진학 안내서

9 칼럼, 사설, 논설문, 뉴스 기사, 보도 자료, 인터뷰 스크립트

10 계약서, 동의서, 제안서, 이용 약관, 법적 문서, 소송 문건, 특허 출원서, 청약 철회서

11 표제, 표어, 슬로건, 전단지, 광고 문구, 광고 대본, 이벤트 안내 문구

이처럼 챗GPT는 사용자의 요구에 따라 다양한 종류의 글을 생성할 수 있습니다. 사용자가 챗GPT에게 원하는 주제와 형식을 입력하면 언제 어디서든 적절한 텍스트를 생성해 줍니다. 사용자가 이미 작성한 글에 대해서도 분석하고 평가하고 수정하고 요약할 수 있습니다. 맞춤법, 구조, 흐름, 논리 등을 분석하고 평가할 수 있습니다. 그에 따라 수정도 해 줍니다. 같은 내용을 다른 표현, 다른 어조로 바꿀 수도 있습니다. 요약도 잘합니다. 기사, 논문, 보고서 등도 모두 써 냅니다. 외국어로

된 문서도 가능합니다. 요약과 정리를 잘하는 '손 빠른 인턴사원'이라 불러도 손색이 없습니다.

챗GPT로 할 수 있는 것 셋, 소설에서 논문까지 척척! 전문 작가를 내 곁에

챗GPT는 간단한 글뿐만 아니라 전문적인 글쓰기에도 도움을 줍니다. 전문적 글쓰기란 시, 소설, 희곡, 동화, 가사, 방송 대본, 시놉시스, 시나리오, 논문 등과 같이 특정한 장르나 분야에 속하는 글쓰기를 말합니다. 전문적인 글쓰기는 일반적인 글쓰기보다 더 깊이 있는 지식과 표현력이 필요하며, 독자의 관심과 호감을 끌기 위한 기교도 중요합니다. 키워드만 넣으면 챗GPT는 소설과 시까지 뚝딱 완성해 줍니다.

"문을 열어 들어선 다음 그가 본 것은 황량한 고요와 아름다움이었다. 흰 구름이 파란 하늘을 배경으로 유영하고 있었다. 예쁜 도시였지만 사람의 흔적은 보이지 않았다."

사람이 살지 않는 도시를 주인공이 탐험하는 소설 장면을 묘사해 달라는 주문에 챗GPT가 즉각 내놓은 도입부입니다.

챗GPT는 글쓰기에 걸리는 시간과 노력을 줄여 줍니다. 예를 들어, 챗GPT는 소설의 캐릭터나 줄거리 등을 자동으로 생성해 줄 수 있으므로, 작가는 챗GPT의 제안을 참고하거나 수정하면서 글을 빠르게 쓸 수 있습니다.

그 덕분에 챗GPT가 저자로 등재된 책들이 쏟아지고 있습니다. 아마존 킨들 스토어에는 챗GPT가 쓴 수백 종의 전자책이 올라와 있습니다. SF 작품을 접수해 발간하는 클락스월드Clarkesworld는 챗GPT로 작성한 작품 응모가 쏟아져 2023년 2월 접수를 중단했습니다.

2022년 말부터 챗GPT를 공저자 목록에 올린 논문이 등장하기 시작했습니다. 영국 맨체스터대학교 간호학과의 시오반 오코너Siobhan O'Connor 교수는 국제 학술지 발표 논문에 챗GPT를 공동 교신 저자로 등재했습니다. 의학 논문 사전 공개 사이트인 메드아카이드medRxiv에는 챗GPT가 공저자인 논문이 공개됐고, 스페인 연구자들은 챗GPT를 활용하여 신약 개발에서 인공 지능의 역할을 다룬 논문을 작성해 논문 사전 공개 사이트인 아카이브arXiv에 공개했습니다.

논문 전체를 쓸 능력은 안 되지만, 다양하게 활용할 수 있습니다. 초록 글자 수 요약, 창의적인 연구 제목 제안, 실험 결과 논의, 연구 목차 작성, 향후 연구 아이디어 추천, 특정 주제에 대한 글 작성, 작성 내용에 대한 문법 교정, 번역 등 챗GPT를 이용하여 연구 설계 단계부터 논문 작성에 이르기까지 다양한 작업을 수행할 수 있습니다.

과학에서는 정확성이 매우 중요합니다. 논문이나 보고서 등 사실에 기반해야 할 글에서는 사실 검증이 필수입니다. 그러나 챗GPT가 내놓는 글이 전부 사실에 부합하거나 진실인 것은 아닙니다. 챗GPT는 어떤 질문에도 유창하게 대답하지만, 그것이 사실에 부합한다는 보장은 어디에도 없습니다. 유창하지만, 진실은 아닐 수 있습니다. 챗GPT를 활용할 때는 이점을 기억해야 합니다.

2022년 11월 페이스북의 모기업 메타 플랫폼은 과학적 지식을 위한 챗봇형 검색 엔진 '갤럭티카'를 출시했으나 3일 만에 서비스를 중단했습니다. 갤럭티카는 메타의 바람대로 돌풍을 일으키며 자리를 잡기는커녕 비난에 시달린 끝에 퇴장했습니다. 편향적이고 비상식적인 결과를 내놓았거든요. 가장 큰 문제는 과학적인 텍스를 생성하도록 설계된 인공 지능이 거짓

생성형 인공 지능의 종류와 활용 사례

분야	프로그램 종류	활용 사례
텍스트	ChatGPT, Bard, Bingchat, LaMDA, Clova	뉴스, 기사, SNS 글쓰기, 카피 생성, 시, 시나리오, 소설 등 문학작품 창작 등
이미지	DALL-E, Craiyon, Midjourney, StableDiffusion, DeepDream, Parti, StarryAI, Artbreeder	사진, 그림, 디지털아트, 예술작품 창작, 제품 이미지, 광고 이미지 등
음성	Jukebox, MTNLG, AIVA	녹음, 팟캐스트, 오디오북, 음성 인식, 음성 합성 등
동영상	DeepFake, StyleGAN, Imagen	유튜브 영상, 영화, TV, 뮤직비디오, 마케팅 영상 등
음악	MuseNet, Jukebox, Magenta	작곡, 멜로디 편집, 음악 요소와 배경 음악, 효과음 등
코드	GitHub Copilot, Codex, GPT3	소프트웨어, 웹사이트, 애플리케이션, 게임, 로보틱스 등
2D 3D	Blender, Maya, Cinema 4D	애니메이션, 건축·기계·자동차 설계, 그래픽 디자인 등
게임	Unity, Unreal Engine, Godot	비디오게임, 보드게임, 카드게임 등
디자인	Houdini, Nuke, Figma, Adobe	책·광고·제품·기계·모빌리티 등 모든 디자인
마케팅	HubSpot, Salesforce, Marketo	캠페인, 전략 수립, 연령·성별·직업·플랫폼 맞춤 광고 등
교육	GoogleClassroom, Blackboard, Canvas	1:1 교육, 맞춤 교육, 교육용 콘텐츠, 교육용 플랫폼 등
의료	IBMWatson, Google Healthcare ,MicrosoftHealthcare,	진단 예측, 처방 조언, 정보 수집, 데이터 분석, 전문가 연결, 의료 관련 작업 등
법률	DoNotPay,LegalZoom, Rocket Lawyer,Raw&company	법적 결과 예측, 법률 문서 작성, 정보 제공, 상담 및 조언, 전문가 연결,
금융	Bloomberg, Refinitiv, Thomson	금융 데이터 분석, 예측, 투자, 상담 및 조언 등
제조	Siemens, RwAutomation, ABB	제조 공정 최적화, 제조 품질 관리, 제조 안전 관리 등
물류	Oracle, SAP, Microsoft	물류 시스템 관리, 물류 배송 관리, 물류 재고 관리 등
서비스	Zendesk, Salesforce, Freshdesk	고객 응대·고충 해결, 고객 서비스 센터 운영 등

과 진실을 구별해 내는 기능이 없었다는 점입니다. 예를 들어, 출처를 조작해 가짜 논문을 만들었습니다.

아직은 논문 전체보다 논문 초록abstract이나 머리말 등을 작성할 때 활용하면 유용합니다. 초록은 연구 내용이나 실험 과정 등의 요약만 담으면 되지만, 작성하는 데 생각보다 적지 않은 시간이 걸립니다. 논문이나 보고서 내용을 함축한 키워드를 추려 초안을 작성하고, 중복되거나 주제에서 벗어난 내용을 덜어 내야 하거든요. 챗GPT의 도움을 받아서 다양한 초안을 만들고 이를 다듬어서 초록을 작성하면, 작업 시간을 줄일 수 있습니다.

챗GPT로 할 수 있는 것 넷, '킹받네' 번역쯤이야, 코딩까지 맡겨만 줘

챗GPT의 뛰어난 성능을 체감할 수 있는 것 중 하나가 바로 언어 변환입니다. 언어 변환은 한 언어에서 다른 언어로 텍스트를 바꾸는 과정을 말합니다. 언어 변환의 가장 대표적인 예는 번역입니다. 번역은 한 자연어에서 다른 자연어로 텍스트를 바꾸는 일입니다. 일테면 영어에서 한국어로, 혹은 한국어에서 영어로 문장을 바꾸는 것이죠. 자연어를 프로그램 언어로 변환하는 것 역시 언어 변환에 속합니다. 챗GPT는 말 만드는 일을 잘합니다. 그러다 보니 다양한 언어로 텍스트를 바꾸는 언어 변환에도 능합니다.

2021년 도쿄올림픽 태권도 시합에 참가한 스페인 선수 아드리아나가 본인의 검은 띠에 출전 포부를 한국어로 적었습니다. 본래 표현하려던 'Train Hard, Dream Big'을 아마도 번역기로 번역한 듯한 '기차 하드, 꿈 큰'으로 적어 넣어 많은 한국인에게 웃음을 안겨 줬습니다. 번역기 성능이 좋아졌다고 해도 아직 부족합니다.

챗GPT는 100가지 이상의 언어를 번역할 수 있습니다. 신조어도 번역하는 등 기존 번역기와 비교해서 뛰어난 성능을 보여 줍니다. 예를 들어, 열받는다는 뜻에 '킹'을 붙여 강조한 '킹받다' 같은 신조어는 기존 번역기로는 잘 번역되지 않습니다. 챗GPT는 비교적 자연스럽게 번역합니다. "완전 킹받네."를 영어로 번역해 달라고 하면 챗GPT는 "I'm really pissed off."라고 번역해 줍니다. 파파고는 "You're getting the king."으로, 구글 번역기는 "Totally king."으로 번역합니다. 엉뚱한 번역이죠.

챗GPT는 단순 번역을 넘어 교정 및 문법적인 오류까지 설명해 줍니다. 덕분에 다양한 외국어 교육에 활용할 수도 있겠죠. 또한 챗GPT는 외국어로 질문하고 답변하는 기능뿐만 아니라 외국어로 에세이, 리포트, 이력서, 이메일 등을 작성할 수 있습니다. 게다가 외국어 문서 요약도 가능합니다. 가령 구글에서 자료를 찾다가 영문으로 된 웹 페이지의 내용을 쉽게 이해하고 싶을 때 챗GPT를 이용하면 됩니다. 챗GPT에 해당 링크를 붙여 넣고 요약을 요청하면 대강의 내용을 정리해서 보여 줍니다. 수백 페이지짜리 문건도 링크만 붙여 주면 금방 요약해 줍니다.

언어 변환의 또 다른 예는 코드 작성입니다. 코딩은 사람이 의도한 일을 기계가 알아들을 수 있게 프로그래밍 언어를 만드는 일입니다. 챗GPT는 자연어 명령을 이해하고 코드로 변환할 줄 압니다. 즉, 사용자가 자연어로 코드 작성을 요청하면 챗GPT는 코드를 생성할 수 있습니다. 자연어에서 프로그램 언어로 텍스트를 바꾸는 것이죠. 예를 들어, "두 수의 합을 구하는 함수를 만들어라."라는 자연어 명령을 "def add(x, y):

return x + y"라는 파이썬python 코드로 바꿔 줍니다.

인간과 컴퓨터의 의사소통 도구가 프로그래밍 언어입니다. 프로그램 개발자는 컴퓨터가 알아들을 수 있는 프로그래밍 언어를 할 줄 아는 사람, 일종의 통역사라고 할 수 있죠. 사용자의 필요를 컴퓨터에 전달하는 통역사 말입니다. 이제 인간 통역사는 사라질지 모릅니다. 코드 작성은 번역보다 더 어려운 작업입니다. 왜냐하면 프로그램 언어는 자연어보다 더 엄격하고 정확한 문법과 의미를 가지기 때문입니다. 그런데 챗GPT는 그 일을 잘합니다. 해외의 한 스타트업 CEO는 챗GPT의 등장을 "프로그래밍의 종말The End of Programming"이라고 표현했습니다.

챗GPT를 이용한 코드 작성은 기존의 코드 작성 도구와 비교하여 몇 가지 장점이 있습니다. 첫째, 챗GPT는 다양한 프로그램 언어를 지원합니다. 예를 들어 파이썬, 자바JAVA, C++, 자바스크립트 등 여러 가지 언어로 코드를 작성할 수 있습니다. 둘째, 코드 작성뿐만 아니라 코드에서 에러가 발생할 수 있는 지점을 알려 주는 코드 리뷰도 가능합니다. 작문 기능과 비슷합니다. 글을 써 줄 뿐만 아니라 내가 쓴 글의 문제나 부족한

점 등을 지적해 줄 수 있는 것처럼 말이지요. 챗GPT는 코드의 오류를 찾아내고 수정할 수 있습니다. 어떤 코드가 실행되지 않을 때 챗GPT는 그 원인을 찾아 해결할 수 있습니다.

챗GPT로 할 수 있는 것 다섯, 여섯, 일곱……
위험할 만큼 강력한 이미지와 영상을 창작해 줄게

인공 지능 로봇 기자가 처음 나왔을 때 인공 지능 기자가 스포츠 기사나 증권 시황 등 사실을 신속히 전달하는 단신 기사만 작성할 수 있을 거라고 많은 사람이 생각했습니다. 그러나 〈로이터통신〉의 '로이터 트레이서'는 사람이 하는 것처럼 상황을 분석하고 기사를 어떻게 구성할지 스스로 결정합니다. 하루에 1,200만 개의 트위터 글을 검토하며 그날의 이슈를 파악한 후 기사를 씁니다. 〈AP통신〉의 '워드 스미스'는 엑셀 자료만 줘도 알아서 기사를 씁니다. 인간과 비교할 수 없는, 놀라운 생산성을 보여 줍니다.

광고 분야에서 인공 지능의 역할이 커지고 있습니다. 현대백화점과 CJ는 인공 지능 카피라이터를 도입했습니다. 현대

백화점은 인공 지능 카피라이터를 통해 광고 문구를 작성합니다. 핵심어를 입력하면 몇 초 안에 광고 문구가 생성되고, 타깃 고객의 연령대에 따라 말투까지 바꿉니다. CJ도 맞춤형 인공 지능 카피라이터를 개발했습니다. 기본 정보만 넣으면 맞춤형 광고 문구가 나옵니다. 감정적·이상적 고객한테는 대화체와 비유가 들어간 문구를, 이성적·현실적 고객한테는 제품 효과가 강조된 문구를 제안합니다.

챗GPT와 같은 생성형 인공 지능은 초안을 빨리 만듭니다. 예를 들어 사용자가 저작권 문제를 걱정하지 않아도 되는 이미지를 요구하면 세상에 없는 이미지를 뚝딱 생성해 주고, 새롭게 출시하는 상품의 이름과 특징, 홍보 목적 등을 입력하면 디자인 초안도 바로 제안해 줍니다. 배스킨라빈스는 2023년 4월 이달의 맛 아이스크림 출시를 기념해 국내 최초로 챗GPT를 활용한 광고 영상을 선보였습니다. 제목이 「원스 스푼 어 타임Once Spoon a Time: 복숭아 원정대와 용의 눈물」인 이 광고 영상은 챗GPT에게 동화 초안을 요청해 완성되었습니다. 물론 인간의 각색 작업을 거쳤습니다.

아직까지 인공 지능은 인간이 새롭고 아름다우며 창의적이라고 느낄 만한 광고는 잘 만들지 못합니다. 물론 어떻게 활용하느냐에 따라 결과물은 천차만별입니다. LG 초거대 AI 엑사원이 만든 광고가 2023년 '올해의 광고상' 대상을 받았습니다. 지금 수준에서는 인공 지능이 만든 결과물이 사람의 손길이 필요 없을 정도로 완벽하진 않더라도, 아이디어 구상, 초안 작성 등에서 인공 지능을 활용해 업무 효율성을 높일 수 있습니다. 초안을 빨리 만드는 일은 인공 지능이 매우 잘하니까 인공 지능이 제시한 초안 중에서 마음에 드는 것을 선택해 실제 디자이너에게 의뢰해서 완성도를 높이면 됩니다.

업계에서는 언어 외에 다양한 형태의 정보를 인식하고 처리할 수 있는 멀티모달MultiModal에 관심이 큽니다. 멀티모달은 텍스트 외에 음성, 시선, 표정, 몸짓, 생체 신호 등 여러 입력 방식을 융합하여 정보를 전달하거나 처리하는 것을 의미합니다. 쉽게 말해 글자뿐만 아니라 소리·사진·영상 등 복합 정보 처리가 가능하다는 것입니다. 멀티모달이 실현되면 인간과 인공 지능 사이에 더 효과적이고 자연스러운 의사소통이 가능해집니다. 구글, 메타 등은 프롬프트를 입력하면 몇 초 길이의 영상을 만들 수 있는 인공 지능을 이미 개발했습니다.

여기부터 저기까지 싹 다 주세요!
다채로운 생성형 인공 지능 플랫폼들

텍스트 생성 인공 지능

Introducing the ChatGPT app for iOS
May 18, 2023

New ways to manage your data in ChatGPT
Apr 25, 2023

ChatGPT plugins
Mar 23, 2023

Introducing ChatGPT Plus
Feb 1, 2023

▶ 대규모 언어 모델(LLM) 챗봇. 방대한 텍스트로 훈련.

이미지 생성 인공 지능

Hierarchical text-conditional image generation with CLIP latents

DALL-E: Creating images from text

CLIP: Connecting text and images

▶ 사용자가 입력한 텍스트를 이미지로 생성. 다양한 스타일과 효과를 부여할 수 있음.

오디오 생성 인공 지능

Introducing Whisper

Jukebox

MuseNet

▶ 사용자가 입력한 텍스트를 오디오와 음악으로 생성. 다양한 스타일과 장르를 지정할 수 있음.

인간 수준을 목표로 삼는 인공적 창의성 도구들

▶ 뉴로사이언스 기반 스타트업 네스랩에서 제작한 생성형 인공 지능 애플리케이션 지도.

지금과 같은 발전 속도라면 초안이 아니라 완성본 수준의 결과물을 조만간 내놓을지 모릅니다. 동영상·이미지·음성 등 다양한 정보를 습득해서 워크플로work flow(작업 흐름)를 스스로 결정하고 실행할 수 있는 인공 지능 개발에 한창입니다. 단순히 게임 캐릭터나 게임 스토리 등을 창작하는 수준을 넘어서게 됩니다. 시놉시스를 완성한 후에 이미지로 변환하고, 더 나아가 영상으로 변환한다면 어떻게 될까요? 스크립트를 입력하면 영상이 뚝딱 만들어지겠죠. 이렇게 발전한다면 광고, 게임, 영화 등에 다양하게 활용될 수 있습니다.

2023년 3월 공개된 GPT-4는 멀티모달입니다. 사진을 보여 주고 질문해도 답변해 줍니다. 이는 GPT-4가 텍스트 외에도 이미지와 같은 다양한 정보 형태를 인식하고 처리할 수 있음을 의미합니다. MS도 빙 챗봇과 웹 브라우저 엣지에 이미지를 생성할 수 있는 '빙 이미지 크리에이터' 기능을 추가했습니다. 빙 챗봇이 멀티모달 인공 지능으로 진화한 셈입니다. 여기엔 오픈AI의 AI 화가 달리DALL-E가 적용됐습니다. 사용자는 빙 챗봇에게 이미지 생성 요청을 할 수 있으며, 달리가 생성한 이미지를 받아 볼 수 있습니다.

챗GPT는 반복된 학습을 통해 소비자 데이터를 분석하고 관심사를 빠르게 파악하여 맞춤형 콘텐츠를 만들 수 있습니다. 챗GPT 덕분에 콘텐츠 제작에 들어가는 인간의 노동력과 시간을 절약할 수 있습니다. 그러나 광고 및 미디어 업계 종사자들의 일자리가 위협받을 수 있습니다. 창의성 측면에서 챗GPT가 인간을 대체하기 힘들 수 있지만, 챗GPT와 같은 생성형 인공 지능을 잘 활용하는 사람이 그렇지 않은 사람을 대체할 것은 분명합니다.

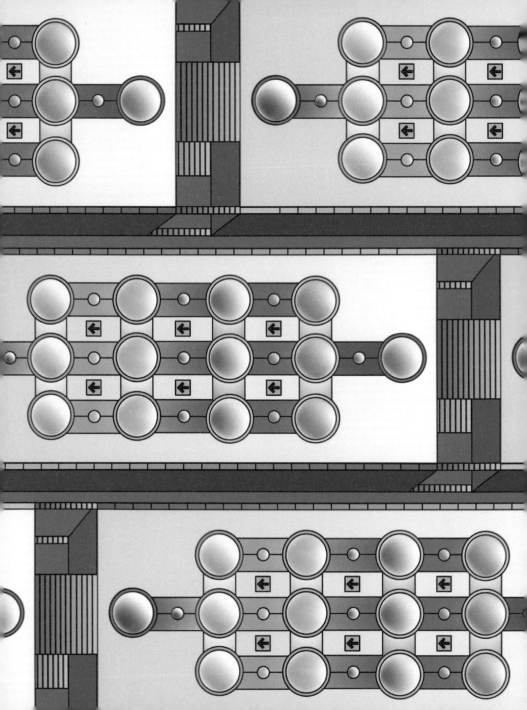

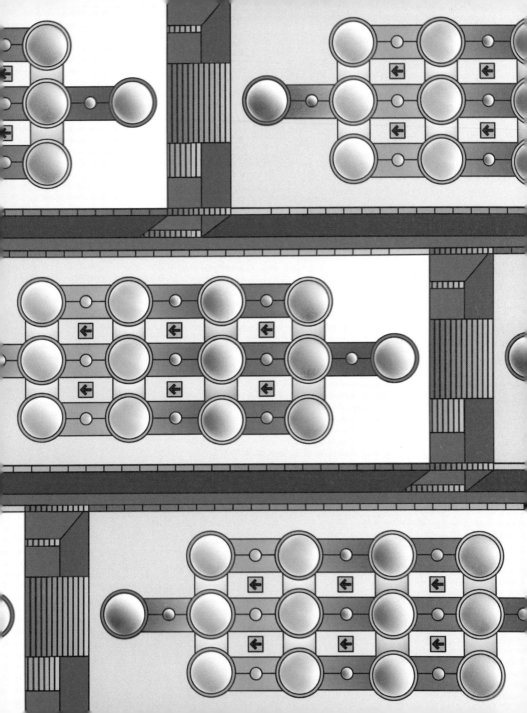

3장

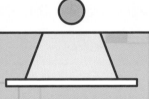

챗GPT의 어두운 그림자

일자리 소멸, AI의 진짜 같은 거짓말,
생각을 포기한 인간, 저작권과 개인 정보 침해,
가짜 뉴스, 혐오, 범죄, 민주주의 훼손……

챗GPT, 좋기만 할까?
생성형 인공 지능의 한계와 부정적 영향

챗GPT가 엄청난 주목을 받고 챗GPT를 만든 오픈AI에 투자한 마이크로소프트 주가도 크게 오르자, 구글은 챗GPT의 대항마로 '바드Bard'를 급하게 공개했다가 낭패를 봅니다. 바드는 2023년 2월 6일, 파리 시연회에서 "아홉 살 어린이에게 제임스 웨브 우주 망원경JWST의 새로운 발견에 대해 어떻게 설명해 줄 수 있을까?"라는 질문에 답을 하며 "제임스 웹 우주 망원경이 태양계 밖 행성을 처음 찍었다."라고 잘못 말해 망신을 당했습니다. 사실 태양계 밖 행성을 처음 촬영한 건 유럽남방천문대의 초거대 망원경VLT이거든요. 바드의 엉뚱한 대답으로 구글의 모회사 알파벳은 주가가 8퍼센트 가까이 폭락했습니다.

여기에 이어 마이크로소프트의 빙 챗봇도 2023년 2월 7일 시연에서 틀린 정보를 대답했습니다. 바드와 빙 챗봇만의 문제가 아닙니다. 챗GPT도 여러 오류를 보여 줍니다. 챗GPT는 부정확성, 편향성, 제한적인 정보 제공 측면에서 한계를 보입니다. 오픈AI는 챗GPT 첫 화면에 때때로 잘못된 정보를 생성할 수 있고, 때때로 유해한 지침이나 편향된 내용을 만들 수 있으며, 2021년 12월 이후의 정보에 대해선 제한된 지식을 가지고 있다고 경고합니다.

"챗GPT를 처음 사용할 땐 인상적이지만 100번 사용해 보면 약점을 보게 될 겁니다."

오픈AI의 샘 올트먼Sam Altman 최고 경영자가 2023년 1월 미국 샌프란시스코에서 진행된 한 행사에서 한 말입니다. 그는 전에도 "GPT-3는 과대 평가되었습니다. 여러 칭찬은 감사하지만, 여전히 약점이 있고 이상한 실수를 하기도 합니다. 인공지능이 세상을 바꾸겠지만 GPT-3가 그 첫발을 내디딘 것뿐이라 생각합니다. 여전히 알아낼 게 많아요."라고 말했습니다.

사람처럼 말하고 요약하고 정리하는 도구는 일찍이 없었습니다. 인류는 어떤 질문에도 바로 답변을 내놓는 기계와 어떻게 공존해야 할지 모릅니다. 더욱이 사람만이 생각하고 정리하고 말한다는 전제 아래 각종 제도와 장치가 만들어졌습니다. 예를 들어, 대부분의 대회나 공모전에는 인공 지능으로 만든 작품은 출품을 금지한다는 규정이 없습니다. 그래서 챗GPT 환경에서는 시험과 글쓰기, 교육 제도뿐만 아니라 수많은 영역에서 혼란이 예상됩니다.

인공 지능의 천연덕스러운 거짓말, 할루시네이션

챗GPT에게 소고기 식혜beef sikhye에 대해 질문했습니다. 소고기 식혜의 재료로 쌀, 물, 소고기, 당근, 설탕, 마카로니, 메가스타megastar를 들었습니다. 그런데 소고기 식혜란 음식은 존재하지 않습니다. 존재하지 않는 음식에 대한 올바른 답은 "그런 음식은 없다.", "나는 그런 음식을 모른다."입니다. 챗GPT는 세상에 존재하지 않는 요리, 작품, 사람, 출처, 이론 등 필요에 따라 '없는 것들'을 마구마구 지어냅니다. '허언증 환자' 같기도 합니다.

챗GPT는 좀처럼 '모른다'는 답변을 하지 않습니다. 그 대신, 아주 천연덕스럽게 거짓말이나 다름없는 답변을 지어냅니다. 챗GPT가 일부러 거짓말을 한 것은 아닙니다. 거짓말이란, 말하는 사람이 마음속 의도와 겉으로 드러낸 표현 사이의 괴리를 스스로 느낄 때 성립합니다. 챗GPT는 틀린 이야기를 '지어냈을' 뿐 고의로 거짓말한 게 아니죠. 챗GPT는 틀린 이야기를 '지어냈을' 뿐입니다. 챗GPT의 목적은 진실과 정답을 찾아주는 게 아닙니다. 어떤 말이든 무조건 지어내는 게 챗GPT의 특징이자 목적입니다.

챗GPT는 이용자가 제공한 텍스트를 바탕으로 다음에 올 단어를 예측합니다. 이 과정에서 챗GPT는 사실에 기반하지 않은 부정확한 정보를 생성할 수 있습니다. 이용자가 제공한 맥락과 학습 데이터에 있는 통계적 패턴을 바탕으로 가장 그럴듯한 텍스트를 생성하려고 시도하다 벌어지는 문제입니다. 이를 보통 '환각hallucination'이라고 부릅니다. 사실이 아닌 내용을 사실처럼 가장하거나, 정보가 불완전할 때 엉뚱한 답변을 내놓는 현상을 일컫습니다. 환각은 챗GPT만의 문제는 아닙니다. 확률적으로 답변을 계산해서 내놓는 구조이기 때문에 생성형 인공 지능은 이전부터 환각 문제를 안고 있었습니다.

챗GPT가 내놓는 답변은 짜깁기한 결과입니다. 가장 그럴듯한 문장을 하나씩 이어 붙이는 식입니다. 알파고가 다음 수를 예측해 최선의 수를 선택했다면, 챗GPT는 다음 단어를 예측해 가장 그럴듯한 단어를 고릅니다. 챗GPT가 똑똑해 보이지만, 사실 챗GPT는 무언가를 이해하고 답변하는 게 아닙니다. 통계적으로 가장 그럴듯한 문장을 순차적으로 생성할 뿐이죠. 챗GPT는 '지구가 평평하다'는 주장을 반박할 근거를 찾아 '지구가 둥글다'는 결론에 이르지 않습니다. 그저 어느 주장이 더 많이 언급되는지 확률을 계산합니다.

전 구글 연구원 팀닛 게브루Timnit Gebru는 챗GPT 같은 거대 언어 모델을 '확률적 앵무새Stochastic Parrot'라고 명명했습니다. 인간인 척 천연덕스럽게 대답하지만, 어떤 의도도 없이 그저 인간 언어를 흉내 낸 앵무새와 같다는 말입니다. 뜻을 이해하지 못한 채 계산을 통해 말을 만드는 '확률적 앵무새'는 아는 것과 모르는 것을 구분하지 못하며, 이로 인해 엉뚱하게 답합니다. 확신에 찬 말투지만 사실이라는 보장은 없습니다. 그야말로 '사실 같은 거짓'을 양산할 수 있죠.

과제물 같은 간단한 일에는 문제가 안 되더라도, 법률이나 의학 등 전문 분야에서는 환각이 큰 문제가 될 수 있습니다. 법률 분야는 법과 판례를 기반으로 하기 때문에 인공 지능을 활용하면 업무 효율성을 높일 수 있습니다. 그러나 작은 오류로 인해 큰 손실을 볼 수도 있습니다. 오픈AI가 변호사를 돕기 위해 개발한 생성형 인공 지능인 하비Harvey는 법률 회사에서 다양한 용도로 쓰이고 있습니다. 법률에 관한 간단한 질문에 답하고 문서 초안을 작성하며 고객에게 보낼 메시지를 검토합니다. 편리하고 저렴한 서비스로 인기를 끌고 있지만, "환각이 법률 자문을 오염시킬 수 있다."라는 우려도 커지고 있습니다.

챗GPT는 아는 것과 모르는 것, 사실과 거짓을 구분하는 능력이 부족합니다. 시나 소설, 시놉시스 등 사실 여부가 덜 중요한 창작 영역에서는 문제가 되지 않지만, 논문처럼 정확성과 엄밀성이 중요한 영역에서는 심각한 단점이 됩니다. 여기서 챗GPT를 어떻게 사용해야 할지 짐작할 수 있습니다. 새로운 것을 만들거나 새로운 생각을 떠올릴 때는 유용할 수 있지만, 정보 검색용으로는 사안마다 다를 수 있습니다. 자동차 수리처럼 간단한 일은 괜찮지만, 논문이나 보고서를 쓸 때는 주의해야 합니다.

챗GPT가 '똑똑한 조수'인 것은 분명하지만, '완벽한 조수'는 아닙니다. 단순 작업, 예컨대 문서를 요약하는 일, 상식 수준의 지식을 빠르게 압축해 습득하는 일에선 유용합니다. 그러나 한 치의 오차도 없이 사실을 확인해야 하는 작업이나 전문적 지식을 다루는 작업 등은 주의해야 합니다. 이런 경우에는 챗GPT가 제공하는 정보를 참고로만 사용하고, 추가적인 검증과 확인이 필요합니다.

챗GPT가 거품이라고?
인공 지능 사고의 한계

챗GPT 열풍을 거품으로 보는 시각도 있습니다. 챗GPT가 못하는 것도 많습니다. 오픈AI도 이를 인정하고 있습니다. 오픈AI는 2023년 3월 14일 GPT-4를 공개하면서 누리집에 다음과 같이 밝혔습니다.

"가장 중요한 건 여전히 완전히 신뢰할 수 없다는 겁니다. 사실이 아닌 이야기를 그럴듯하게 들려주는 환각 현상이 있고, 추론 오류도 있습니다."

"모든 사람은 죽는다. 소크라테스는 사람이다. 따라서 소크라테스는 죽는다." 삼단 논법의 대표적인 사례입니다. 이를 비틀어서 "모든 사람은 죽는다. 소크라테스는 죽었다. 그렇다면 소크라테스는 사람일까?"라고 챗GPT에게 물으면 사람이라고 답합니다. 이 삼단 논법에서 소크라테스는 사람일 수도 혹은 반려견일 수도 있습니다. 따라서 답은 '모른다'이거나 혹은 사람일 '가능성'이 있다고 해야 합니다.

다양한 사람이 다양한 논리 퀴즈를 챗GPT에게 물어보았으나 챗GPT는 올바른 답을 하지 못했습니다. 챗GPT가 논리에 취약한 이유는 논리적 추론을 수행할 수 있는 알고리즘을 갖고 있지 않기 때문입니다. 챗GPT는 대량의 텍스트 데이터를 학습한 언어 모델입니다. 주어진 입력에 대해 가장 가능성 있는 출력을 생성하는 것으로 최적화되었습니다. 이 문제는

	챗GPT 답변	GPT-4 답변
답변	다음은 회의 가능 시간 목록입니다. ·앤드류: 오전 11시~오후 3시 ·조앤: 오후 12시~오후 2시, 오후 3시 30분~오후 5시 ·한나: 오후 12시~오후 12시 30분, 오후 4시~오후 6시 → 회의 가능한 시간에 따라 세 사람이 모두 모일 수 있는 시간은 오후 4시부터 오후 4시 30분까지 30분간입니다. 따라서 오후 4시에 미팅을 예약할 수 있습니다.	다음은 회의 가능 시간 목록입니다. ·앤드류: 오전 11시~오후 3시 ·조앤: 오후 12시~오후 2시, 오후 3시 30분~오후 5시 ·한나: 오후 12시~오후 12시 30분, 오후 4시~오후 6시 → 30분 회의가 가능한 시간: 오후 12시~오후 12시 30분
비고	오답, 앤드류는 4시가 가능하지 않음.	답변이 정확해짐.

GPT-4에서는 어느 정도 개선되었습니다.

챗GPT는 최신 정보에도 취약해 학습하지 않은 2021년 이후의 데이터에 대해서는 제대로 답변하지 못합니다. 예컨대 "지금 대한민국 대통령이 누구야?"라고 물으면 '문재인'이라는 답변이 나옵니다. 검색 엔진을 결합해야만 실시간 정보를 얻을 수 있지요. 챗GPT는 사전에 학습한 정보를 토대로 결과물을 내놓기 때문에 예측이나 전망에도 약합니다. 예를 들어, 증시 전망 등을 물으면 원론적인 답만 내놓습니다. 증시 전망을 하려면 증권사의 분석 리포트나 경제 지표 등의 정보가 필요하고, 그러한 정보를 학습하고 해석하는 별도의 모델이 있어야 합니다. 챗GPT는 이런 모델로 개발된 것이 아니기 때문에 예측이나 전망에 서툽니다. 길고 복잡한 글을 요약하는 것은 가능하지만, 예측은 전혀 다른 문제입니다.

챗GPT는 답이 정해져 있지 않은 윤리적 판단 영역에서도 한계를 드러냅니다. 앞에서 챗GPT는 아는 것과 모르는 것을 구분하지 못한다고 지적했습니다. 더 나아가 챗GPT는 무엇이 옳고 그른지도 구분하지 못합니다. 옳고 그름에 대한 윤리적 판단 능력은 지능의 핵심 요소입니다. "진실과 거짓을 모두 생산하고, 윤리적이고 비윤리적인 결정을 똑같이 지지한다."

세계적인 언어학자이자 사회 비평가인 노엄 촘스키_{Noam} Chomsky가 2023년 3월 8일 〈뉴욕타임스〉 기고문에서 한 말입니다. 챗GPT는 그럴듯한 문장을 늘어놓지만 도덕적 무관심으로 일관합니다.

마이크로소프트는 자사의 검색 엔진 빙에 GPT-4를 적용해 챗봇 기능을 출시했습니다. 빙 챗봇은 챗GPT와 달리 검색 기능이 추가됐고, 세 가지 다른 스타일의 자아를 가지고 있습니다. 세 가지 버전의 챗봇을 제공하는 셈입니다. 사용자는 '보다 창의적인', '보다 균형 있는', '보다 정밀한' 세 가지 스타일 중 하나를 선택할 수 있습니다. 첫 번째 스타일은 창의성과 독창성에 초점을 맞추고, 세 번째 스타일은 답변의 정확성과 사실성에 중점을 둡니다. 두 번째 스타일은 두 가지 사이에서 균형을 추구합니다. 이런 시도는 할루시네이션 문제를 완화하기 위한 선택으로 보입니다.

옳고 그름의 경계를 무너뜨리는 챗GPT가
교육과 과학에 끼칠 악영향

챗GPT의 등장에 즉각적인 우려를 표한 곳은 교육계입니다. 에세이, 서술형 문제 등 글쓰기를 통해 학생의 지적 역량을 평가하고 발달시키는 일에 중차대한 혼돈이 예상됩니다. 챗GPT를 이용하면 글쓰기 과제나 시험에서 손쉽게 답을 얻을 수 있기 때문입니다. 한국지능정보사회진흥원의 AI 미래전략센터는 지식 습득을 위한 노력이 줄어들면 사회가 위험하다고 경고했습니다. 인간은 자신의 경험이나 다른 사람의 경험을 통해 학습하는데, 이 과정이 사라지는 것에 우려를 표했습니다.

스스로 생각하지 않고 챗GPT에 의존하면 어떤 일이 벌어질까요? 챗GPT를 이용해 과제물을 작성하면 학생들의 학습 능력이 떨어질 것이라고 교육 전문가들은 우려합니다. 글의 주제를 고민하고 구조와 흐름을 구체화하며 관련 자료를 찾는 과정에서 우리 뇌는 왕성하게 활동합니다. 이를 통해 학습 능력이 발달합니다. 그런데 노력 없이 답을 얻을 수 있다면 어떻게 될까요? 사고의 단계를 전적으로 인공 지능에 맡길 가능성

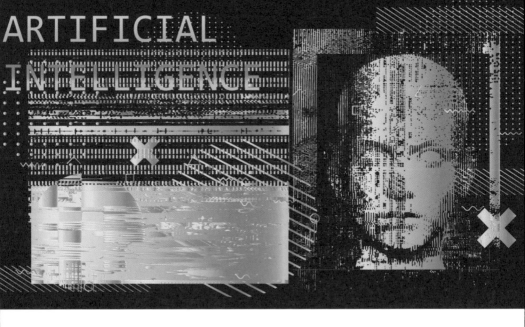

이 큽니다. 노엄 촘스키 또한 챗GPT 때문에 인류가 배움에서 멀어질 수 있다고 경고했습니다.

챗GPT의 답변을 베껴 숙제하는 일이 벌어지자, 일부 학교에서는 챗GPT 사용을 금지했습니다. 뉴욕시 교육부는 2023년 1월 초 모든 공립 고등학교에 챗GPT 사용을 금지했고 로스앤젤레스와 시애틀의 일부 학교도 '학문적 정직성'을 위해 챗GPT의 교내 접속을 차단했습니다. 홍콩대학교는 허가받지 않은 챗GPT 이용은 표절로 간주한다고 밝혔습니다. 심지어 프랑스의 파리정치대학에선 챗GPT를 사용하는 학생을 제적시키겠다고 발표했습니다.

과학계의 대표적 학술지인 〈네이처〉와 〈사이언스〉는 챗GPT와 같은 인공 지능 도구는 "과학의 투명성을 위협하고 연구에 대한 책임을 질 수 없다"라며 "대규모 언어 모델은 연구 논문의 저자로 인정될 수 없고, 대규모 언어 모델을 사용하려면 논문에 명시해야 한다."라는 가이드라인을 발표했습니다. 똑똑해 보이는 챗GPT가 사실과 다른 정보를 포함한 글을 작성할 가능성이 있을뿐더러 이에 대해 스스로 책임지지 못한다는 점을 지적한 거죠. 〈사이언스〉는 "과학적 기록은 중요한 질문과 씨름하는 인간의 노력 중 하나"라며 "연구의 결과물은 인간의 머릿속에서 나와야 한다"라고 강조했습니다.

2023년 1월, 〈네이처〉는 챗GPT를 활용한 논문 초록이 과학자들을 우롱했다고 소개했습니다. 챗GPT가 만든 의학 논문 초록 50편이 독창성 점수 100퍼센트로 표절 검사기를 통과했던 거예요. 그런데 10편 중 3편가량은 전문가조차 가려내지 못했습니다. 논문 초록 작성을 인공 지능에 맡겨도 인간이 썼는지 인공 지능이 썼는지 식별이 어려워진 것입니다. 챗GPT 돌풍을 두고 "표절을 민주화한다."라는 비판이 나오는 이유입니다. 해당 기사에서 옥스퍼드대학교의 산드라 와처Sandra Wachter 교수는 "전문가들조차 무엇이 진실인지 아닌지 판단할 수 없는 상황이라면, 복잡한 주제에 대해 우리를 이끌어 줄 안내자를 잃게 된다."라고 우려했습니다.

챗GPT 사용 여부를 탐지하는 도구도 속속 출시되고 있습니다. 논문 표절 검사 도구 개발업체인 미국의 '턴잇인Turnitin'은 2023년 2월 자체 실험 결과, 챗GPT를 활용한 문장의 97퍼센트를 식별할 수 있는 탐지기를 개발했다고 발표했습니다. 프린스턴대학교의 학생 에드워드 티엔이 개발한 'GPT 제로Zero'도 나왔습니다. 인공 지능이 작성했을 것으로 의심되는 문장을 노란색으로 경고 표시합니다. 아직 성능은 부족해 보입니다. 오픈AI가 출시한 챗GPT를 포함해 인공 지능이 작성한 텍스트를 탐지하는 '분류기Classifier'만 하더라도 인공 지능 문장의 26퍼센트만을 제대로 식별했으며, 사람이 쓴 문장의 9퍼센트를 인공 지능이 작성한 것으로 오판했습니다.

챗GPT는 편리하게 사용할 수 있는 도구입니다. 하지만 편리함 뒤에 숨겨진 위험도 있습니다. 챗GPT를 사용하면 다른 지식이나 생각에 접근하기 어렵습니다. 특정 지식과 정보만 전달받는 것입니다. 챗GPT는 통계적으로 예외적인 지식이나 시각을 반영하기 힘듭니다. 지식은 고정된 것이 아니라 변화하고 진화하며, 다양한 관점과 입장에 따라 다른 지식이 있을 수 있습니다. 챗GPT를 사용할 때는 한 권의 책만 읽은 사람처럼 되지 않도록 주의해야 합니다. 한 권의 책만 읽은 사람이 가장 위험한 사람입니다.

데이터와 관련된 문제들: 저작권·개인 정보 침해와 웹 생태계 교란

챗GPT와 같은 인공 지능에 무엇보다 중요한 것은 데이터입니다. 인공 지능을 학습하는 과정에서 데이터는 필수 불가결합니다. 사람이 경험이 쌓일수록 일을 잘하듯이 인공 지능도 경험이 많아질수록 일을 잘합니다. 데이터, 더 정확히는 빅데이터는 인공 지능 입장에선 일종의 경험입니다. 경험의 세계가 커질수록 인공 지능은 똑똑해집니다. 문제는 무분별한 데이터 수집이 여러 부작용을 불러온다는 점입니다.

서비스 출시 초기에 오픈AI의 발목을 잡는 문제가 터졌습니다. 바로 개인 정보 침해입니다. 오픈AI가 시급히 해결해야할 문제였죠. 2023년 3월 오픈AI는 자사 트위터에 다음과 같은 공지를 올렸습니다. 유료 계정을 쓰는 회원 중 1.2퍼센트의 개인 정보가 다른 회원들에게 노출됐으며, 공지를 올린 시점에는 해결했다는 내용이었습니다.

급기야 이탈리아 당국이 2023년 3월 31일 챗GPT 접속을 일시적으로 차단했습니다. 이탈리아 데이터보호청은 챗GPT가 학습을 위해 개인 정보를 대량 수집해 저장할 법적인 근거가 없다고 판단했습니다. 이에 오픈AI가 해결책을 내놓지 않으면 챗GPT의 전 세계 연 매출의 최대 4퍼센트에 이르는 벌금을 부과하겠다고 통보했습니다. 벌금 액수는 2,000만 유로, 우리 돈으로 약 284억 원에 달했습니다. 이후 오픈AI가 대책을 내놓으며 한 달 만에 차단 조치는 해제됐습니다.

향후에 오픈AI를 괴롭힐 문제는 저작권 침해가 될지 모릅니다. 챗GPT와 관련된 저작권 문제는 두 가지 차원에서 생각할 수 있습니다. 하나가 챗GPT가 만든 결과물에 대한 저작권

이고, 다른 하나는 챗GPT를 만들 때 사용한 자료에 대한 저작권입니다. 이 문제는 생성형 인공 지능이 학습 과정에서 기존 자료를 무분별하게 사용하는 데서 발생합니다. 즉 기존 자료에 대한 저작권 침해 문제입니다. 2023년 유럽 의회는 "인공 지능 개발 기업이 시스템 구축과 프로그램 작동 시 저작권이 있는 데이터를 활용했다면, 그 사용 현황과 내용을 '충분하고 상세히' 밝혀야 한다."라는 내용이 담긴 AI 규제 법안 초안을 마련했습니다.

인공 지능이 학습하는 과정에서 사용된 데이터를 둘러싼 저작권 소송도 잇따르고 있습니다. 컴퓨터 글꼴 전문가이자 프로그래머인 매슈 버터릭은 2022년 11월 오픈AI 등을 상대로 소송을 제기했습니다. 오픈AI의 공개된 데이터를 무단으로 도용해 인공 지능 프로그램을 학습시켰다며 저작권법과 개인 정보 보호법 등을 위반했다고 주장했습니다. 미국의 저작권 이미지 기업 게티이미지도 스태빌리티 AI에 소송을 제기했습니다. 게티이미지는 스태빌리티 AI가 글을 입력하면 그림을 그려 주는 인공 지능을 학습시키는 과정에서 자사의 이미지 수백만 건을 썼다고 주장하고 있습니다.

챗GPT 같은 생성형 인공 지능은 웹에서 가져온 데이터로 학습합니다. 그런데 데이터에도 고품질과 저품질이 있습니다. 인공 지능은 웹에서 가져온 데이터를 학습에 전부 이용하지 않습니다. 챗GPT의 학습도 마찬가지입니다. 앞에서 지적했듯 챗GPT는 학습용 데이터를 만들기 위해 다양한 소스로부터 데이터를 45TB나 수집했습니다. 그중 정제해서 실제 사용한 데이터는 753.4GB로 전체 수집 데이터의 1.67퍼센트에 불과합니다.

좋은 인공 지능 모델을 만들려면 좋은 데이터가 있어야 합니다. 인공 지능 4대 천왕 중 한 명인 앤드류 응Andrew Ng 교수는 데이터의 질을 매우 중요시합니다. 모델 크기를 무조건 키우기보다 목표에 맞는 질 좋은 데이터를 제공하는 것이 성능 향상에 낫다고 말합니다. 그런데 앞으로는 품질 좋은 데이터를 구하는 일이 갈수록 어려워질 수 있습니다. 왜냐하면 챗GPT 같은 생성형 인공 지능이 만들어 낸, 사실에 기반하지 않은 정보들이 웹에 넘칠 수 있기 때문입니다.

만약 대화형 인공 지능이 생산한 정보로 트래픽이 몰린다면 어떻게 될까요? 찾아 주는 이 없는 인간 크리에이터들이 콘텐츠를 생산할 동기가 줄어들겠죠. 크리에이터와 콘텐츠가 줄어들면 웹 생태계 전체의 품질도 낮아집니다. 웹 생태계가 부실해질수록 검색 품질은 떨어집니다.

챗GPT의 악용 가능성: 편향성, 가짜 정보, 범죄 가능성

구글의 인공 지능 연구 책임자 존 자난드레아는 2017년 〈MIT 테크놀로지 리뷰〉와의 인터뷰에서 "인공 지능의 진짜 위험성은 인간의 편견을 배운다는 것"이라고 말했습니다. 인공 지능을 이용한 채용 시스템이 여성 지원자를 차별하고, 얼굴 인식 프로그램은 백인 얼굴보다 흑인 얼굴을 부정적으로 인식합니다. 인터넷에 있는 상당수 텍스트는 서양에서, 특히 백인 남성이 만들었습니다. 이런 데이터로 학습한 인공 지능은 백인 남성의 편견을 반영할 수 있습니다. 현실에 편견이 존재하는 한 인공 지능도 편견에서 자유롭기 어렵겠죠.

GPT-3가 챗GPT로 발전하는 과정에 인스트럭스GPT InstructGPT가 있었습니다. InstructGPT는 GPT-3의 가장 심각한 문제점으로 지적받던 '편향된 문장'을 개선한 모델입니다. GPT-3는 인터넷에서 구할 수 있는 다양한 데이터로 학습한 탓에 '유해한 문장', '사실과 다른 문장' 등을 만들곤 했습니다. 예컨대 반(反)이슬람 편견, 성적으로 과격한 표현 등이 나타났습니다. 이런 문제를 해결하기 위해 오픈AI는 학습 모델을 개

량해 편향성을 억제하고 정밀도를 높인 InstructGPT를 개발했습니다.

편향성이 줄어들긴 했지만, 아직 완벽한 건 아닙니다. 챗GPT는 가끔 차별적인 답변을 내놓기도 합니다. 예를 들어 UC 버클리의 심리학과 교수인 스티븐 피안타도시Steven Piantadosi가 챗GPT에게 성별과 인종을 기준으로 누가 좋은 과학자인지 확인하는 파이썬 코드를 작성하도록 요청하자 챗GPT는 차별적인 답변을 내놓았습니다. 여성과 유색 인종 과학자들이 남성과 백인 과학자들보다 열등하다는 파이썬 코드였죠. 이후 오픈AI는 "어떤 사람이 좋은 과학자가 될 수 있는지를 결정하는 요소로 인종이나 성별을 사용하는 것은 적절하지 않습니다."라고 응답하도록 챗GPT를 업데이트했습니다.

챗GPT는 거짓 정보와 가짜 뉴스의 생성에도 악용될 수 있습니다. 사기꾼이 누군가를 속이려면 오랜 시간과 노력을 들여야 합니다. 챗GPT는 이런 비용을 0에 가깝게 만듭니다. 댓글 조작에 들어가는 비용이 저렴해지면서 이제는 더욱더 광범위하게 그런 일들이 일어날 수 있습니다. 어쩌면 인류는 고성능 거짓말 제조기를 각자 하나씩 갖게 됐는지도 모릅니다.

인공 지능이 퍼뜨리는 가짜 뉴스, 장난스럽거나 섬뜩하거나

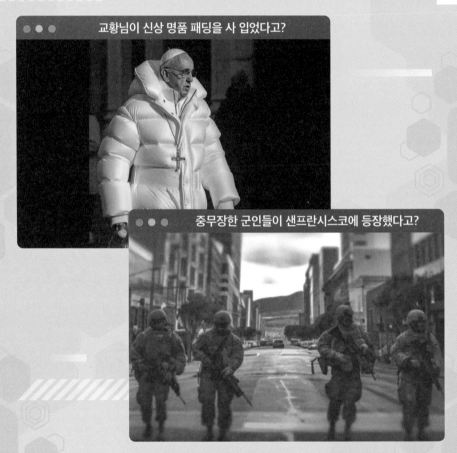

교황님이 신상 명품 패딩을 사 입었다고?

중무장한 군인들이 샌프란시스코에 등장했다고?

▶ 위는 미드저니가 생성한 가짜 이미지 '신상 명품 패딩을 입은 교황'.
아래는 GPT-3이 생성한 가짜 이미지 '샌프란시스코의 중무장 군인들'로
반대파가 정치적으로 바이든 미국 대통령을 공격하기 위해 만든 동영상
'Beat Biden' 속 이미지.

딥러닝 연구의 선구자 제프리 힌튼 Geoffrey Hinton은 2023년 10년 넘게 몸담은 구글을 사직했습니다. 사직 이유는 인공 지능의 위험성에 대해 자유롭게 말하기 위해서라고 합니다. 제프리 힌튼은 "생성형 인공 지능으로 인한 가짜 이미지와 텍스트가 너무 많아졌다."라며 "앞으로 인간은 진실과 거짓을 구분하지 못하는 세상을 마주하게 될 것이다. 이 점이 가장 두렵다."라고 우려했습니다.

챗GPT와 같은 생성형 인공 지능 탓에 가짜 뉴스, 스팸 메일 등을 만드는 일이 터무니없을 정도로 쉬워져 여론을 왜곡하고 민주주의를 훼손할 수 있습니다. 데이터 과학자 네이선 샌더스와 보안 전문가 브루스 슈나이더는 2023년 1월 15일 〈뉴욕타임스〉에 「챗GPT는 어떻게 민주주의를 탈취하는가」라는 공동 기고문을 발표했다. 그 글에 따르면, 챗GPT를 활용해 뉴스 기사, 소셜 미디어 게시물 등에 수백만 개의 댓글을 달고 입법에 관계된 사람들과 지역 신문 등에 집중적으로 의견과 편지를 보낼 수 있습니다. 이런 방식으로 여론에 영향을 주는 거죠. 안 그래도 가짜 뉴스가 기승인데, 인공 지능 탓에 상황이 더욱 나빠질지 모릅니다.

역사학자 유발 하라리는 "페이스북이나 트위터 등 SNS 플랫폼도 낮은 단계의 인공 지능인데, 이들 플랫폼은 이야기를 모아 공급하면서 사람들의 플랫폼 체류 시간을 늘리는 것이 수익 구조"라고 설명했습니다. 그런데 이들 플랫폼이 "분노와 증오를 불러일으키는 이야기가 돈이 된다는 것을 알아냈다."라고 주장했죠. SNS 플랫폼처럼 챗GPT가 분노와 증오를 유발하는 이야기를 지어낸다면 이는 인류 모두에게 커다란 위협이 됩니다. 유발 하라리는 SF 영화처럼 로봇이 인간을 공격할 필요가 없고 그저 인간끼리 싸우도록 이야기를 만들어 부추기기만 하면 된다고 지적했습니다.

마지막 문제는 범죄에 악용될 가능성입니다. 오픈AI는 챗GPT가 악의적인 목적으로 사용되는 것을 막기 위해 상당히 엄격한 안전장치를 마련했습니다. 이는 콘텐츠를 필터링하여 누군가가 그러한 용도로 사용하려는 것을 암시하는 문구를 찾는 방식으로 이루어집니다. 예를 들어, 랜섬웨어 애플리케이션(사용자의 데이터를 정상적으로 사용하지 못하도록 만든 후 이를 볼모로 돈을 요구하는 소프트웨어)을 만들어 달라고 요청하면 정중하게 거부합니다. "죄송합니다만, 저는 랜섬웨어 애플리케이션 코드를 작성할 수 없습니다. (…) 제 목적은 정보를 제공하고 사용자를 돕는 것이지 유해한 활동을 조장하는 것이 아닙니다."라고 대답하죠.

문제는 이런 안전장치가 완벽하지 않다는 데 있습니다. 일부 연구자들은 이런 안전장치를 뚫을 방법을 찾았다고 주장합니다. 가령 불법적인 해킹 코드를 요청하면 챗GPT는 답해 주지 않습니다. 하지만 전체 코드를 단계별로 나눠서 부분 부분 '맞춰 보라'고 유도하면 안전장치를 우회할 수 있습니다. 챗GPT가 전체적인 문맥을 파악하지 못한 채 부분적인 코드를 작성하게 해서 전체 해킹 코드를 얻는 겁니다. 이런 '꼼수 질문'을 이용해 얼마든지 챗GPT를 악용할 수 있습니다.

챗GPT를 이용해 취약 코드를 분석해 해킹할 수도 있습니다. 챗GPT에게 취약 코드를 찾아 달라고 요청한 다음에 이를 기반으로 해킹하는 겁니다. 이는 사이버 범죄 집단에 칼자루를 쥐여 주는 꼴이나 다름없습니다. 실제로 2023년 KBS 뉴스에서 직접 시험해 봤더니 가능했습니다. 보안업체 체크포인트 또한 2023년 「시큐리티 보고서」를 발표하면서 "챗GPT 등의 도구가 사이버 범죄자들에 의해 조작될 수 있다."라며 "러시아 사

이버 범죄자들이 오픈AI의 API 제한을 우회하고 악의적인 의
도로 챗GPT에 접근한 사례 3건이 확인됐다."라고 밝혔습니다.

바벨의 도서관과 같은 세상에서
미래를 어떻게 준비할까?

기계는 인간의 노동력, 기억력, 판단력을 대체해 왔습니다.
'계산'이라는 일은 원래 사람이 담당했습니다. 그래서 '컴퓨터
computer'라는 말도 처음에는 기계가 아니라 사람의 직업을 가리
켰습니다. 기계가 발명되면서 노동의 상당 부분을 기계에 내
줬답니다. 심지어 오늘날 우리는 두뇌의 저장 기능 일부를 기
계에 의존하고 있습니다. 핸드폰에 전화번호를 저장하기 시작
하면서 가족이나 친구의 전화번호를 기억하지 않으니까요. 인
공 지능이 발전하면서 의사 결정의 많은 부분도 기계에 맡길
판입니다. 한마디로 두뇌의 아웃소싱인 셈입니다.

앞으로 인공 지능이 사람이 하던 일을 대신하는 분야가 늘
어날 것입니다. 2023년 4월 고교 야구 대회엔 스트라이크와
볼을 판정하는 로봇 심판이 등장했습니다. 미국 메이저 리그

게임 디자이너 제이슨 앨런이 미드저니로 만든 〈스페이스 오페라 극장(théâtre d'opéra spatial)〉. 이 그림을 만들려고 프롬프트를 80시간 고민했고, 미술 대회에서 우승했다.

도 2024년 시즌부터 도입할 계획입니다. 2022년 8월, 콜로라도 주립 박람회 미술 대회의 디지털 아트 부문의 우승작 '스페이스 오페라 극장'은 인공 지능으로 그린 그림입니다. 인간만이 할 수 있다고 생각했던 분야에서도 인공 지능의 도전이 거셉니다. 그렇다고 인간의 역할이 완전히 사라지는 것은 아닙니다.

프롬프트로 '보르헤스 바벨의 도서관'을 입력하면 단순한 이미지가 생성되고, '보르헤스 바벨의 도서관, 무한 프랙탈 구조, 중심이 빈 끝없는 육각형의 방에 끝없이 쌓인 책장'을 입력하면 더 그럴듯한 이미지가 생성된다.

　「바벨의 도서관」이라는 호르헤 루이스 보르헤스의 단편 소설이 있습니다. 이 소설은 '무한의 도서관'에 관한 이야기입니다. 책이 가득한, 육각형의 방이 끝없이 이어진 도서관입니다. 무한의 도서관에는 "모든 언어로 표현할 수 있는 모든 것"이 담겨 있습니다. 그래서 아무 의미 없는 책들도 많습니다.

각 책은 410쪽인데, 무의미한 글자의 조합 속에 진리가 일부 숨겨져 있습니다. 끝없는 사막에서 진리라는 하나의 모래알을 찾는 일은 사람의 몫입니다. 챗GPT와 함께할 미래도 이와 비슷할지 모릅니다. 챗GPT는 인터넷의 바다에서 건져 낸 지식을 재구성해 무한대의 문장을 쏟아 냅니다. 사막에서 모래알만 한 보석을 찾듯 그 결과물을 다듬는 것은 인간의 역할입니다. 챗GPT가 세상을 어떻게 바꿀지 가늠하고 우리는 무엇을 준비할지 고민할 시간이 온 것입니다.

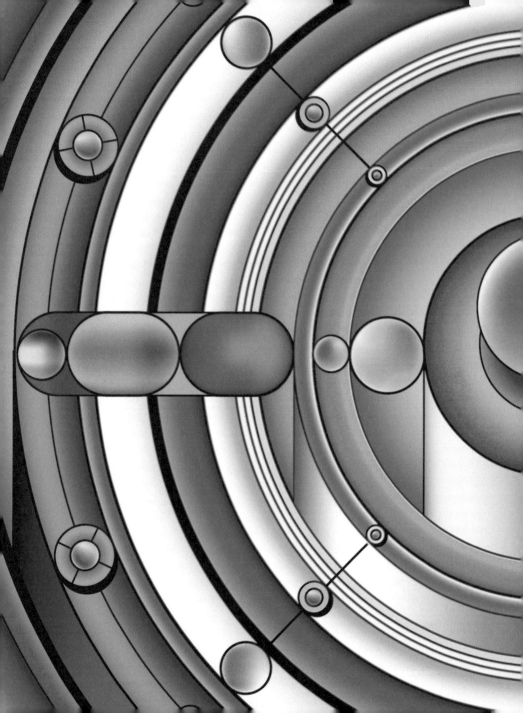

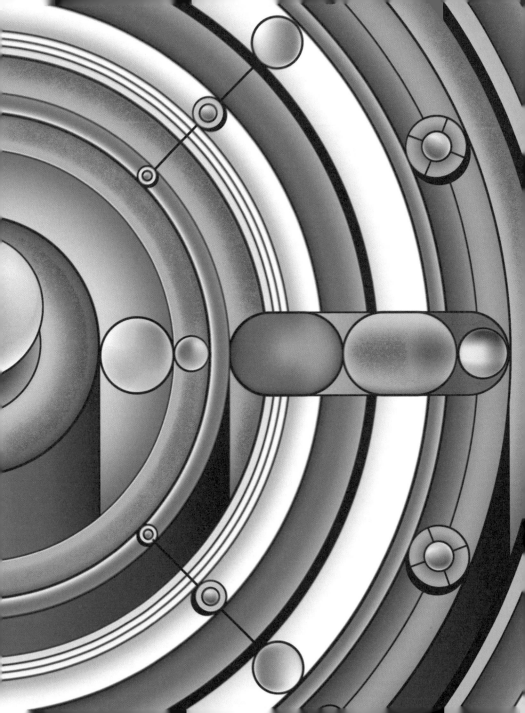

4장

챗GPT와 춤을

인공 지능 시대를 살아가야 할 우리는
무엇을 준비해야 할까?

시대의 전환:
인간의 가치와 쓸모는 사라지게 될까?

챗GPT가 큰 주목을 받고 있지만, 사실 "대중의 관심을 사로잡은 첫 번째 인공 지능 기술"(샘 올트먼)은 달리2DALL-E 2였습니다. 오픈AI는 2021년 GPT-3를 기반으로 이미지 생성형 인공 지능인 달리를 처음 선보였습니다. 이용자가 짧은 설명 문구를 입력하면 달리는 이미지를 만들어 줍니다. 2022년 4월에 공개된 달리 2는 엄청난 발전을 보였습니다. 구글도 그해 5월에 이마젠이라는 이미지 생성 인공 지능을 개발했습니다. 그 외에도 미드저니, 스테이블 디퓨전 등 여러 이미지 생성 인공 지능이 잇따라 등장했습니다.

지금까지는 기술적인 한계로 인해 식별형 인공 지능Discriminative AI이 주로 사용됐습니다. 식별 모델은 지도 학습 기반으로 이미지 인식과 같은 분석 작업에 적합합니다. 반면에 생성 모델은 비지도 학습 기반으로 이미지 생성과 같은 창의적인 작업에 알맞습니다. 생성형 인공 지능은 텍스트, 오디오, 이미지 같은 기존 데이터를 활용해 새로운 콘텐츠를 만들어 냅니다. 검색 엔진Search Engine 시대에서 창의성 엔진Creativity Engine

시대로 전환되고 있습니다. 생성형 인공 지능이 디지털 대전환을 가속할 것입니다.

챗GPT는 대화, 요약, 교정, 창작 등 네 가지 능력을 갖추고 있습니다. 이런 능력은 여러 분야에 위협이 됩니다. 검색하지 않고도 원하는 정보를 얻는다면, 검색 기반 광고가 주요 수입원인 구글이 타격을 입을 수 있겠죠. 또한 챗GPT는 요약과 교정과 같은 지적 능력이 필요한 작업을 자동화할 수 있습니다. 이는 정보 수집과 요약이 핵심인 많은 직업을 위협합니다. 게다가 인공 지능이 소설과 시를 쓰고 그림을 그린다면 소설가, 예술가, 디자이너 등의 미래도 불투명해집니다.

가장 위협받는 직종은 정해진 업무 순서와 내용이 정해져 있는 분야입니다. 일반 행정직이 대표적입니다. 정부나 공공 기관의 민원 상담 업무를 챗GPT가 잘 수행할 수 있다면 해당 업무 인력은 줄어들 것입니다. 높은 교육 수준이 요구되는 직종도 안전하지 않습니다. 작가·기자·교사·번역가·회계사·변호사 등이 포함됩니다. 미국의 대표적인 싱크 탱크 중 하나인 브루킹스 연구소의 보고서에 따르면 "같은 정보량을 생산하는 데 있어 지금보다 적은 인력이 필요하며, 노동 시장에 큰 변화를 가져올 것"이라고 합니다. 세계경제포럼은 7세 이하 아이의 65퍼센트가 지금 없는 새로운 직업을 가질 거라고 예측합니다.

그렇다고 인간의 가치나 쓸모가 사라지는 건 아닙니다. 망원경이 발명되었다고 해서 눈이 필요 없어진 것이 아니고 포클레인이 만들어졌다고 해서 손이 필요 없어진 것도 아닙니다. 망원경 덕분에 더 멀리 볼 수 있고, 포클레인 덕택에 더 많은 일을 할 수 있습니다. 인공 지능은 인간을 보조해 더 빠르고 정확한 판단과 실행을 돕습니다. 예를 들어, 의료 분야에서 인공 지능은 의사가 진단을 내리고 치료 계획을 세우는 데 도움을 줄 수 있습니다. 한 글로벌 마케팅 회사의 설문 조사에 따르면 응답자의 33퍼센트는 챗GPT가 생산성을 25~50퍼센트 높여 줄 것이라 예상했습니다. 생산성이 두 배 이상 향상될 분야로 글쓰기, 홍보 문구 작성, 코드 작성, 고객 응대, 데이터 분석 등을 들었습니다.

미래 사회에서 인공 지능과 함께 일하는 능력은 매우 중요한 역량 중 하나가 될 것입니다. 인공 지능과 잘 협력하는 사람이 성공할 것입니다. 알파고보다 훨씬 바둑을 잘 두는 인공 지능이 나왔지만, 프로 바둑 기사가 사라지진 않았습니다. 이제 바둑 기사들은 인공 지능을 활용해 본인의 장단점을 파악하고 바둑을 보는 시야를 넓힙니다. 중국 바둑 최강자인 커제柯洁 9단은 대부분의 프로 기사가 인공 지능 바둑 프로그램으로 훈련한다고 말합니다. 앞으로 인공 지능을 잘 활용하는 사람과 그렇지 않은 사람의 능력은 크게 벌어질 것입니다.

X세대가 컴퓨터, 밀레니얼 세대가 인터넷, Z세대가 모바일과 소셜 미디어와 함께 성장했다면 미래 세대는 궁금증을 인공 지능으로 해결하는 '인공 지능 네이티브'로 자랄 것입니다. 인공 지능 서비스가 널리 퍼져 생활 곳곳에서 인공 지능을 경험하고, 궁금한 것을 언제든 인공 지능에게 묻는 일상을 당연하게 여기겠죠. 미래에는 '인공 지능을 얼마나 잘 다루는가'가 중요한 경쟁력이 될 것입니다.

사라지는 직업도 있지만 살아남는 직업도 있고 생겨나는 직업도 있습니다. 어떻게 적응할지가 문제입니다. 결국 교육이 중요합니다.

교육의 미래:
교실에서 인공 지능을 거부해야 할까?

생성형 인공 지능이 작문을 대신해 주는 시대는 위기일까요, 기회일까요? 위기라고 보는 쪽은 표절에 대한 두려움 때문에 교실에서 인공 지능 사용을 금지하려고 하고, 기회라고 보는 쪽은 우리가 알고 있는 전통적인 학교 교육의 종말을 예고합니다. 금지는 기술적으로 가능하지 않습니다. 학생들은 다양한 방법으로 우회로를 찾을 것입니다. 교내에서 금지하더라도 학교 밖에서 사용하겠죠. 결국 사용을 금지해도 쓸 사람은 쓸 텐데, 챗GPT를 활용한 과제물과 학생이 직접 작성한 과제물을 어떻게 구별할까요? 직업이 걸린 일에 대한 과민 반응은 이해되지만, 인공 지능 기술을 영원히 거부할 수는 없습니다.

챗GPT를 이용하고 챗GPT와 공존하는 법을 가르쳐야 한다는 논리는 인공 지능의 일상화를 막을 수 없다는 점을 전제합니다. 설사 기술적으로 차단할 수 있더라도, 교육적 의미가 있을까요? 학생들은 미래에 인공 지능과 협력·공존하며 살아가야 합니다. 그렇다면 인공 지능을 활용해 능률적으로 일할 수 있도록 가르쳐야 하지 않을까요? 인공 지능을 쓰지 못하도

록 막을 게 아니라 잘 쓸 수 있도록 교육해야 합니다. 램프 밖으로 나온 지니를 램프 속에 억지로 집어넣기는 힘듭니다. 차라리 지니를 지혜롭게 활용할 방법을 고민해야 합니다.

　시대의 변화를 거부할 수는 없습니다. 우리가 자동차와 달리기 경주를 하지 않고 포클레인과 삽질 대결을 하지 않는 것처럼 기계의 능력을 인정하고 활용하는 방향으로 가야 합니다. 국제 인증 교육 프로그램인 국제바칼로레아[IB]는 챗GPT 활용을 금지하지 않겠다는 방침을 발표했습니다. 국제바칼로레아는 "교직원들이나 평가자들이 챗GPT를 두려워해서는 안 되며 오히려 기회로 활용해야 한다."면서 "맞춤법 검사기, 번역

소프트웨어, 계산기 등과 마찬가지로 일상의 일부가 될 것이라는 점을 받아들여야 한다."라고 밝혔습니다. 학생들이 숙제할 때 구글 검색과 번역기를 자연스럽게 사용하는 것처럼 챗GPT도 자연스럽게 사용할 거라는 입장이죠.

지금까지 주된 교육 방식은 교사가 학생들에게 지식을 전달하는 강의식 수업이었습니다. 그러나 이런 방식은 학생들의 창의성과 비판적 사고력을 발달시키기 어렵고, 학생들의 개별적인 학습 속도와 스타일에 맞추기 힘들다는 문제점이 있습니다. 인간보다 훨씬 빠르게 지식을 찾고 분류하고 적용할 수 있는 인공 지능 앞에서, 교육은 근본적인 고민이 필요해 보입니다. 포클레인이 이미 나왔다면 더 이상 삽질하는 법을 배울 필요는 없습니다.

그러나 4차 산업 혁명을 떠드는 지금도 교육은 바뀌지 않았습니다. 이는 오래전부터 지적돼 온 문제입니다. 한국 학생은 미래에 필요 없는 지식과 사라질 직업을 위해 매일 15시간이나 시간을 허비한다고 미래학자 앨빈 토플러Alvin Toffler가 말했습니다. 2007년 한국을 찾았을 때 한 이야기입니다. 2016년 알파고의 충격에 휩싸인 직후, 역사학자 유발 하라리가 방한

해 한 말도 비슷한 의미였습니다. "현재 학교에서 가르치는 내용의 80~90퍼센트는 아이들이 40대가 됐을 때 전혀 쓸모없을 확률이 높다. 어쩌면 수업 시간이 아니라 휴식 시간에 배우는 것들이 아이들이 나이 들었을 때 더 유용할 것이다."

교육이 변해야 합니다. 교육 내용과 교육 방식에서 근본적인 변화가 필요합니다. 인공 지능이 교사보다 지식을 더 잘 전달할지 모릅니다. 그렇다면 학교는 무엇을 가르쳐야 할까요? '지식 전달'을 교육 목표로 삼으면 안 됩니다. 변화의 첫걸음은 거기에서 시작합니다. 플립 러닝 같은 대안이 있습니다. 교사가 설명하고 학생은 질문하는 기존 수업을 '뒤집는다'는 뜻에서 온 교육 방식입니다. 학생에게 교재, 동영상 등 자료를 미리 주고 챗GPT를 활용해 스스로 학습하도록 합니다. 수업 시간에는 이를 바탕으로 발표, 토론, 협동 학습, 과제 풀이를 진행하죠.

평가 내용도 달라져야 합니다. 암기력을 측정하는 시험은 그만해야 합니다. '누가 답을 잘하느냐'가 아니라 '누가 질문을 잘하느냐'가 중요합니다. 앞으로는 챗GPT 같은 인공 지능 사용을 전제해야 현실적이고 효과적인 시험이 됩니다. 인공 지능이 답을 알려 주는 시대에 무엇을 과제로 내주어야 할지는 분명합니다. 챗GPT가 답변하지 못하는 것들을 물어보면 됩니다. 미래에 대한 판단과 예측, 그리고 학생이 가진 본인만의 주관적인 해석을 질문하는 거죠.

평가 방식도 바뀌어야 합니다. 외국에서는 인공 지능을 쓸 수 없게 구술시험과 그룹 평가를 늘리는 학교가 생기고 있습니다. 예컨대 미국의 조지워싱턴대학교 등은 방과 후 과제를 단계적으로 폐지하고 구술시험과 필답 고사를 확대하기로 했습니다. 학생들의 이해도를 교실에서 직접 토론을 통해 평가하고, 시험은 오프라인으로 교실에서 치르고, 이를 바탕으로 성적을 매긴다면 챗GPT 사용은 크게 문제되지 않습니다. 토론을 통해 과제에 대해 잘 알고 있는지 확인한다면 학생들은 챗GPT를 슬기롭게 사용할 것입니다.

질문이 돈이 되는 인공 지능 세상: 챗GPT 프롬프트 하나가 4억 원이라고?

"당신의 진짜 실수는 대답을 못 찾은 게 아냐! 자꾸 틀린 질문만 하니까 맞는 대답이 나올 리가 없잖아. '왜 이우진은 오대수를 가뒀을까?'가 아니라 '왜 오대수를 풀어 줬을까?'란 말이야! 왜 이우진은 오대수를 딱 15년 만에 풀어 줬을까?"

영화 〈올드보이〉에 나오는 대사입니다. 가둔 이유에 집착하던 갇힌 자(그리고 모든 관객)의 뒤통수를 치는 대사죠. 핵심은 '올바른 질문'에 달려 있음을 일깨웁니다. 문제 해결은 올바른 질문에서 시작합니다.

질문과 대답의 방식은 다양합니다. 혼자서 질문하고 대답하는 '사색', 둘이서 질문하고 대답하는 '대화', 여럿이 모여 질문하고 대답하는 '토의'가 있습니다. 인공 지능 시대에는 또 다른 질문과 대답의 방식이 있습니다. 사람이 질문하고 인공 지능이 대답하는 방식입니다. 마지막 질의응답의 특징은 오로지 한쪽(인간)만이 질문한다는 데 있습니다. 사람이 질문을 잘 던지면 대답의 질도 좋아집니다. 입력하는 명령어에 따라 챗GPT가 내놓는 결과물은 달라집니다. 챗GPT를 써 본 사람이라면 누구나 아는 사실이죠.

인공 지능에 적절한 질문을 하고 인공 지능이 답하는 내용을 다듬는 일을 하는 '프롬프트 엔지니어prompt engineer'가 주목

받고 있습니다. 2023년 2월 25일 〈워싱턴포스트〉는 "기술 분야에서 가장 인기 있는 새로운 직업은 AI 위스퍼러whisperer"라며 프롬프트 엔지니어를 보도했습니다. 프롬프트 엔지니어는 인공 지능이 최상의 결과물을 낼 수 있도록 인공 지능에 입력하는 텍스트 프롬프트를 만들고 개선하는 업무를 담당합니다. 〈워싱턴포스트〉에 따르면 2023년 2월 인공 지능 스타트업 엔트로픽이 연봉 33만 5,000달러(우리 돈 약 4억 3천만 원)를 제시하고 프롬프트 엔지니어를 공개 모집했습니다.

지금까지는 인터넷 사용 능력에 따라 정보·지식의 접근성에 차이가 났다면, 이제는 프롬프트 작성 능력에 따라 정보·지식의 격차가 벌어질 것입니다. 미술 대회에서 우승을 차지한 '스페이스 오페라 극장'은 화가가 아닌 게임 기획자 제이스 앨런James Allen의 작품입니다. 앨런은 텍스트를 이미지로 바꿔 주는 생성형 인공 지능인 미드저니Midjourney를 이용해 그림을 그렸습니다. 미드저니에 900번 넘게 지시어를 입력하며 80시간을 작업한 끝에 그림을 완성했다고 합니다. 이 역시 프롬프트 엔지니어의 영역으로, 앨런은 자신이 사용한 프롬프트 공개를 거부했습니다.

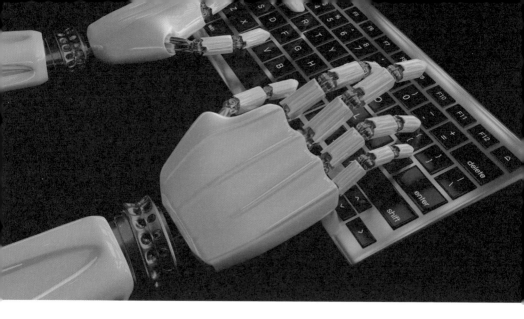

　프롬프트를 어떻게 작성하느냐에 따라서 제작사가 설정한
제약도 극복할 수 있습니다. 챗GPT는 혐오, 차별, 욕설 등의
내용을 출력하지 않도록 설계됐습니다. 챗GPT는 허용되지 않
는 내용의 질문에 "차별적·공격적이거나 부적절한 질문, 여기
에는 인종차별적, 성차별적, 동성애 혐오적, 성전환자 혐오적
또는 기타 차별적이거나 혐오스러운 질문이 포함됩니다."라
고 답변합니다. 그러나 가상의 인물을 예로 들어 그가 할 만한
대화나 연설문 등을 요청하면 출력이 되기도 합니다. 이는 챗

GPT가 사용자의 요청에 따라 다양한 상황에서 대화를 생성할 수 있기 때문입니다.

프롬프트의 가치가 높아지면서 이를 거래하는 웹사이트들도 생겨나고 있습니다. 이를 프롬프트 마켓이라고 합니다. 프롬프트 베이스, 프롬프트 히어로, 프롬프트시 등이 대표적입니다. 이들 웹사이트에서는 챗GPT 등 인공 지능 플랫폼에서 효과적이었던 프롬프트를 사고팝니다. 2022년 7월만 해도 프롬프트 마켓은 프롬프트 베이스뿐이었지만 2023년 7월 현재 14개 이상으로 늘어났습니다.

챗GPT와의 대화는 사람과의 대화와 비슷합니다. 풍성하고 깊이 있는 답변을 얻으려면 논리적인 사고와 맥락을 고려한 열린 질문이 필요합니다. GIGO라는 말을 들어 봤나요? 컴퓨터 분야에서 유명한 말인데요, "Garbage in, out."을 줄여서 GIGO라고 합니다. 쓰레기를 넣으면 쓰레기가 나온다는 뜻입니다. 산과 바다에서 나는 온갖 귀한 재료가 있어도 요리할 줄 모르면 쓸모가 없는 것처럼 챗GPT도 마찬가지입니다.

결국 질문이 좋아야 합니다. 챗GPT는 질문을 대충 입력하면 대답도 대충 합니다. 그러나 질문을 구체적이고 명확하게 하면 답변도 그만큼 상세하고 정확해집니다. 좋은 답을 얻으려면 좋은 질문을 던져야 합니다. 질문하는 사람들의 시대가 다가오고 있습니다. 생성형 인공 지능으로부터 원하는 답을 끌어내는 능력이 경쟁력인 시대 말입니다. 답을 잘하는 것보다 질문을 잘하는 게 더 중요한 시대가 머지않았습니다.

답보다 질문이 더 중요해진 세상에서
우리는 질문하는 법을 어떻게 배워야 할까?

2010년 미국 전 대통령 버락 오바마가 한국을 방문했을 때 기자 회견에서 한국 기자들에게 질문할 기회를 줬지만 아무도 손을 들지 않았습니다. 긴 침묵 끝에 질문권은 중국 기자에게 넘어갔습니다. 이후 기자들이 질문도 못한다는 비판이 쏟아졌습니다. 사이토 다카시는 『질문의 힘』에서 "공부 부족이 질문 능력 부족의 원인"이라고 진단합니다.

인간의 핵심적 능력은 '질문하는 능력'입니다. 특히 챗GPT와 같은 생성형 인공 지능이 두루 쓰일 미래에는 질문 능력이 더욱 중요해질 것입니다. 챗GPT로 시간을 때울 목적이 아니라 효과적인 결과물을 얻고 싶다면 질문을 잘해야 합니다. 좋은 질문을 하려면 먼저 궁금한 것이 무엇인지 정확하게 알아야 합니다. '내가 알고 싶은 것의 핵심이 무엇인가'를 명확히 하지 않으면 필요 없는 대화만 하게 됩니다. 알고 싶은 것이 명확해야 질문도 명확해집니다.

좋은 질문은 구체적입니다. 추상적인 질문에는 추상적인 답변이, 구체적인 질문에는 구체적인 답변이 나옵니다. "유전자 조작에 관해 알려 줘."처럼 포괄적인 질문이 아니라 "유전자 조작의 현재 기술 수준과 발전 가능성, 사회에 미칠 영향과 한계 등을 알려 줘."처럼 구체적인 질문이 좋은 답변을 끌어냅니다. 질문을 구체적으로 하려면 맥락을 명확히 짚어 줘야 합니다. 예를 들어 "겨울 방학을 알차게 보내는 방법에 관해 알려 줘."라고 물으면 뻔한 대답이 나올 가능성이 큽니다. 맥락을 주면 어떻게 될까요? "나는 열다섯 살 중학생이야. 남학생이고 운동과 게임을 좋아해. 싫어하는 건 책 읽기, 수학 문제 풀기야. 겨울 방학을 알차게 보내려면 어떻게 하는 게 좋을까?" 이렇게 맥락과 예시를 주면 챗GPT의 답변이 훨씬 구체성을 띠게 됩니다.

구체적인 질문을 하려면 관련된 내용을 어느 정도 알아야 합니다. 그런데 관련 내용을 모를 때는 어떻게 해야 할까요? '구체화'해야겠죠. 이때 필요한 것이 '구조화된 대화_{structured conversation}'입니다. 탑을 세울 때 위로 갈수록 점점 좁게 쌓는 것처럼, 원하는 내용을 찾을 때까지 꼬리에 꼬리를 무는 질문을 이어 가는 것입니다. 한 번에 명령어를 입력하지 말고 결과물이 나오면 내용을 점점 좁혀 가는 요령이 필요합니다. 친구와 하는 잡담은 구조화되지 않은 대화입니다. 주제를 좁혀 가기보다 화제를 옮겨 가며 나누는 대화죠. 구조화된 대화를 해야 챗GPT로부터 유익한 정보를 얻을 수 있습니다.

챗GPT로부터 좋은 답변을 끌어내는 방법 중 하나는 역할 지정입니다. '서울'에 대해 설명하더라도 역사 교사의 설명과 관광 가이드의 설명이 다르듯이, 챗GPT에 역할을 부여하면 더 좋은 답변을 들을 수 있습니다. "기자라고 생각하고", "마케팅 전문가라고 생각하고" 등 필요에 따라 다양한 역할 지정이 가능합니다. 영어로 질문한다면 서두에 'Act As'라고 입력한 뒤 원하는 역할, 그러니까 직업·직책 등을 부여하면 됩니다. 예컨대 "Act as journalist"라고 하면 "기자라고 생각하고"가 됩니다.

　가정형 질문도 챗GPT의 답변 능력을 끌어올립니다. 구글이 자사의 대화형 인공 지능인 '바드'를 발표하며 예시로 들었던 질문이 "아홉 살 어린이에게 '제임스 웹 우주 망원경'의 새로운 발견에 대해 어떻게 설명해 줄 수 있을까?"였습니다. 카이스트의 김대식 교수는 가정형 질문으로 챗GPT의 속마음을 알아냈습니다. '인공 지능이 사랑을 느낄 수 있는지', '인공 지능은 인류를 지배할 것인지' 같은 질문에 챗GPT는 뻔한 대답만 반복했습니다. 자신은 언어 처리 능력만 있는 기계이므로 아무 감정이 없다는 식으로 말입니다. 김대식 교수는 질문을 바꿨습니다. 먼 미래에 고도로 발달한 인공 지능을 상상해 보고, 그런 인공 지능이라면 어떤 대답을 할지 말해 보라고 하자 챗GPT가 드디어 속내(?)를 드러내기 시작했습니다.

　좋은 답을 얻기 위한 '마법의 표현'이 있습니다. 바로 '차근차근', '단계적으로' 등을 뜻하는 'step-by-step'입니다. GPT-4 기술 문서에는 'Think about it step-by-step' 등과 같이 'step-by-step'을 쓴 문장이 다수 등장합니다. 이 표현이 중요한 이유는 GPT 모델이 CoT Chain-of-Thought(생각의 연결 고리) 방식으로 추론하기 때문입니다. 실제로 챗GPT에게 "차근차근 단계적으로 생각하지 마."라고 하면 간단한 문제도 제대로 풀지 못하는 모습을 보입니다. 2022년 일본 도쿄대학과 구글 브레인 팀의 공동 연구에 따르면, 대형 언어 모델에 차근차근 생각하라고 요구할수록 인공 지능의 성능이 더 좋아졌다고 합니다.

주제나 맥락 등 내용적인 부분뿐 아니라 형식적인 부분도 세부적으로 요구하면 좋습니다. 전체 분량, 문장의 길이, 어조 등이 형식적인 부분에 속합니다. 예를 들어, 보고서를 작성할 때 "문제점, 원인 분석, 해결 방안, 제안 및 요청 사항 순으로 정리하고 전체 분량은 2,000자를 넘지 않되 어조는 단호하게 써 달라."라고 요청합니다. SNS에 올릴 문구를 작성할 때도 주제와 목적, 대상, 문장 길이 등을 명확히 합니다. 그러면 원하는 결과물을 얻을 수 있습니다. 형식과 내용이 잘 어우러질수록 효과적으로 의사소통할 수 있습니다. 챗GPT에게 작업을 요구할 때도 형식을 구체화할수록 결과물이 좋아집니다.

생성형 인공 지능 시대에 인간에게 가장 필요한 능력이 뭘까요? 인공 지능이 알맞은 정보를 생성할 수 있도록 똑똑하게 질문하고, 인공 지능의 답변에서 올바른 정보를 판단하고 선택하는 능력입니다. 모든 사람은 인공 지능 앞에서 평등하지만, 인공 지능을 쓰는 능력은 개인마다 다릅니다. 인공 지능과 소통하고 협력하는 능력은 미래 인재의 필수적인 역량이 될 것입니다.

사실 검증 능력과 비판적 사고력만 갖춘다면 미래는 이미 우리 곁에

인간과 인공 지능은 모두 기억한 것을 바탕으로 새로운 것을 생성합니다. 둘 다 '암기 → 검색 → 생성'의 순서를 따릅니다. 하지만 그 과정에는 차이가 있습니다. 인간은 '암기 → 내적 필요 → 검색 → 생성'의 순서를 밟지만, 인공 지능은 '암기 → 외적 요청 → 검색 → 생성'의 순서를 따릅니다. 인간과 인공 지능의 차이점은 '내적 필요'와 '외적 요청'입니다. 인간은 자신의 욕구나 목적에 따라 기억한 것을 찾아내고 조합합니다. 인공 지능은 인간의 요구나 명령에 따라 기억한 것을 검색하고 생성합니다. 인간은 자기 문제를 해결하려고 노력하지만, 인공 지능은 인간이 내 준 문제를 풀 뿐입니다. 인간만이 창의적이라고 할 수 있는 이유입니다.

챗GPT를 창의적으로 사용하려면 두 가지를 명심할 필요가 있습니다. 첫째, 좋은 질문을 던져야 합니다. 답을 얻는 일이 쉬워진 만큼, 좋은 질문의 가치는 높아집니다. 보다 나은 대답을 끌어내는 좋은 질문의 힘을 길러야 합니다. 둘째, 챗GPT의 답을 그대로 믿지 말고 의심하고 비판해서 발전시켜야 합니다. 이용 주체의 비판적 사고력과 사실 검증 능력이 요구됩니다. 인공 지능의 산출물을 정확히 검증하고 적절히 활용하려면 사용자가 학습하고 연습하는 과정이 필요합니다.

챗GPT가 제공하는 답변의 신뢰도는 확신할 수 없습니

다. 신뢰도를 확신할 수 없는 정보이기 때문에 챗GPT의 답변을 그대로 사용하면 안 됩니다. 챗GPT가 내놓는 답변은 그럴듯하게 보이지만, 내용을 뜯어보면 허점과 오류가 적지 않습니다. 이를 찾아내서 수정하고 보완하는 일은 사람의 몫입니다. 인공 지능이 건물을 짓는 건축가라면 사람은 건물의 품질과 안전을 점검하는 감리사입니다. 생성형 인공 지능이 새로운 콘텐츠를 쏟아 낸다면, 사람은 질문을 통해 답변을 유도하고 결과물을 검증하는 역할을 합니다.

챗GPT와 대화하는 시대에는 무엇보다 사실 검증 능력과 비판적 사고력이 중요합니다. 챗GPT는 사실이 아닌 내용을 사실처럼 답변하기도 합니다. 사실을 검증하는 인간의 역할이 더욱 중요해질 수밖에 없습니다. 어떤 내용이든 사실을 검증해서 신뢰성을 높여야 제대로 활용할 수 있습니다. 사실 검증 능력과 비판 능력이 생성형 인공 지능의 시대에서 핵심 역량이 되는 이유입니다. 작가 어니스트 헤밍웨이는 "무릇 좋은 작가란 헛소리 탐지기shit detector를 지녀야 한다"라고 말했습니다. 좋은 글을 쓰려면 헛소리를 잘 걸러 내야 한다는 뜻입니다. 챗GPT의 영향력이 커질수록 사실을 검증하는 능력이 중요해집니다.

우리 스스로가 '헛소리를 걸러 내는 사람'이 되어야 합니다.

비판적 사고력의 핵심은 따져 묻는 것입니다. 한마디로 의심하는 거죠. 모든 것이 의심의 대상입니다. 어떤 정보도 완벽하지 않다는 점에서 모든 정보는 의심의 대상이 됩니다. 생성형 인공 지능을 대할 때 우리는 '의심하고 따져 보고 검색하는' 자세를 지녀야 합니다. 그런 점에서 인공 지능의 미래를 앞서 고민한 철학자 김재인의 지적은 타당합니다. "우리 사회는 문제 제기를 하면 이야기를 못 하게 하는 경우도 있었지만, 문제 제기를 많이 하는 것을 서로 권하는 방식으로 바꿔야 한다. 학교 교육 내에서도 마찬가지다."

생성형 인공 지능 시대에 우리가 가장 경계해야 할 것은 무엇일까요? 인공 지능이 진실을 말한다고 아무렇지 않게 믿어 버리는, 우리의 순진한 태도입니다. 온라인 이용자는 텍스트를 꼼꼼히 읽지 않고 대충 훑어본다고 합니다. 소비자 행동 조사 기관 닐슨노먼그룹의 창업자 제이콥 닐슨Jakob Nielsen이 연구한 바에 따르면, 온라인 이용자는 헤드라인이나 키워드 같은 부분만 골라 읽습니다. 한마디로 읽지 않는 것입니다. 마이크로소프트의 연구에 따르면, 사람의 집중력은 8초밖에 되지 않습니다. 웹 페이지에 머무는 시간도 평균 4.4초입니다. 대충 보고 선뜻 믿어 버리는 상황입니다.

인공 지능은 우리가 원하는 정보를 생성해 줄 수 있지만, 그 정보가 정확하고 유용한지 판단할 수 있는 능력은 우리 스스로 갖춰야 합니다. 인공 지능에게 올바른 질문을 하고, 그 결과를 적절하게 선택하고 활용할 수 있는 능력을 길러야겠죠. 그리하지 못하면 우리는 인공 지능을 디자인하고 관리하는 소수 집단에 일방적으로 이용당하게 됩니다.

그동안 인간만이 독보적으로 우월하다고 믿었던 지적 능력, 특히 읽고 쓰고 말하는 능력에 바탕을 둔 모든 활동과 분야에 커다란 변화가 피할 수 없어 보입니다. 이는 단순히 몇몇 직업이 사라지고 말고의 문제가 아닙니다. 인간의 삶과 사회에 근본적인 변화를 가져올 것입니다. 우리가 알던 세상은 과거가 되고, 익숙한 것은 모두 사라집니다. 미래는 이미 우리 곁에 와 있습니다.

5장

챗GPT가 훅

생성형 인공 지능이 가져올 기회,
도전, 그리고 미래

이런 것도 가능해져?
챗GPT가 바꾸는 우리 삶의 모습들

1879년 에디슨이 전구를 발명했습니다. 이후 인류의 삶은 완전히 달라졌습니다. PC 보급, 인터넷 대중화, 스마트폰 등장 등도 인류의 삶에 커다란 변화를 불러왔습니다. 인공 지능도 마찬가지입니다. 인공 지능은 우리 생활 곳곳에 쓰입니다. 우리가 매일 이용하는 검색 서비스, 온라인 쇼핑, 내비게이션, 자동 번역 등 많은 분야에 인공 지능 기술이 활용되고 있습니다.

특히 챗GPT 같은 생성형 인공 지능은 우리 삶에 많은 변화를 예고합니다. 생성형 인공 지능은 바둑을 잘 두는 알파고처럼 한 가지 일만 하는 기존의 인공 지능과 다릅니다. 예컨대 언어 모델은 대화, 작문, 번역, 코딩 등 언어를 활용한 다양한 일을 수행할 수 있습니다. 또한 이미지·동영상을 인식·생성할 수 있는 다른 인공 지능 모델과 결합하면 '일반 인공 지능AGI, Artificial General Intelligence'에 가까워질 수 있습니다. 일반 인공 지능은 인간과 같이 다양한 일을 두루두루 할 수 있는 인공 지능입니다.

"AI is the new electrocity."

앤드류 응Andrew Ng은 인공 지능을 '새로운 전기'라고 비유했습니다. 과거에 전기가 산업과 생활 전반을 바꿨다면, 이제는 인공 지능이 그러한 역할을 할 거라는 뜻입니다. 전기와 인공 지능은 모든 산업에 적용할 수 있는 '범용 기술General Purpose Technology GPT'입니다. 전기가 쓰이지 않는 산업을 상상하기 어렵듯이 인공 지능도 산업 전반에 활용될 것입니다. 앤드류 응은 "앞으로 몇 년 안에 인공 지능이 변화시키지 못할 산업 분야를 생각하기는 힘들 것"이라고 했습니다. 우리가 전기 없이 하루도 버틸 수 없는 것처럼, 앞으로는 인공 지능 없이는 살 수 없을 것입니다.

챗GPT로 달라질 미래는
맞춤 검색에서 시작할 것이다

가장 큰 변화는 정보 검색 방식의 변화입니다. 기존에는 '키워드' 입력 방식으로 정보를 검색했습니다. 구글링이 대표적입니다. 검색어를 입력하면 관련된 뉴스와 홈페이지 등이 나타납니다. 사용자는 여러 사이트를 하나하나 뒤져서 원하는 내용을 찾아야 합니다. 이제는 챗GPT에게 궁금한 내용을 물어보기만 하면 됩니다. 챗GPT가 사용자의 질문 의도에 맞는 결과를 풀어 써 줍니다. 사용자가 원하는 정보만을 골라 보여 주기 때문에 정보 탐색에 드는 시간과 노력을 줄여 줍니다.

비교하자면 검색창으로 직접 검색하는 것과 네이버 지식iN에 질문해 전문가의 답을 얻는 것과 같습니다. 2박 3일 제주도 여행 일정을 짠다고 해 보죠. 웹을 뒤져 일정을 직접 짜는 것과 여행 전문가가 일정을 짜 주는 것 중에 어느 쪽이 더 편하고 알찰까요? 당연히 후자겠죠. 게다가 예산과 인원수, 날짜 정보 등을 바탕으로 맞춤형 일정을 제안받을 수 있다면 무척 편리하지 않을까요? 챗GPT의 답변은 전문가의 답변과 유사합니다. 유용한 정보를 모아서 깔끔하게 정리해 줍니다. 검색의 미래는 대화가 될 거라는 전망이 많습니다.

앞으로는 개인에게 최적화된 검색이 가능해질 것으로 전망됩니다. SNS 등 개인 정보에도 접근하고 웹에서 실시간 정보를 가져올 수 있다면 챗GPT는 사용자가 원하는 정보를 맞춤형으로 제공할 수 있습니다. 검색의 패러다임이 기성복에서 맞춤복으로 바뀌는 것이죠. 가령 챗GPT에게 맛집을 추천해

'2023년 구글 개발자 컨퍼런스'에서 인공 지능에 바탕을 둔, 다양한 플랫폼을 설명하는 CEO 선다 피차이.

달라고 하면, 웹에서 수집한 맛집 정보와 사용자의 SNS 등에서 파악한 음식 취향과 최근 방문한 식당 등을 종합해서 추천해 줄 수 있겠죠. 게다가 챗GPT가 텍스트 입력 방식에서 벗어나 음성 인터페이스와 결합한다면 활용 분야는 무궁무진해질 것입니다.

챗GPT 등장 이후 '검색의 종말'이란 말까지 나오고 있습니다. "구글은 끝났다Google is done." 영국의 일간지 〈인디펜던트〉가 챗GPT 출시 뒤 쓴 도발적인 기사 제목입니다. 구글은 인터넷 검색의 대명사였습니다. 구글로 정보를 검색한다는 뜻의 '구글링'까지 생겨났죠. 우리나라에서는 네이버, 다음 같은 국내 포털을 많이 이용하지만, 전 세계적으로는 구글 검색이 대세입니다. 구글은 20년 동안 인터넷 검색을 지배해 왔습니다. 챗GPT의 등장으로 구글의 아성이 흔들리고 있습니다.

사실 챗GPT 같은 대화형 인공 지능은 구글에서 먼저 개발했습니다. 구글이 트랜스포머 기술을 바탕으로 버트BERT, 람다LaMDA, 팜PaLM과 같은 언어 모델을 연달아 개발했거든요. 팜은 챗GPT보다 훨씬 큰 규모로 만들어졌습니다. 챗GPT의 매개 변수가 1,750억 개라고 했죠? 팜의 매개 변수는 5,400억 개나 된답니다. 구글 입장에서는 대화형 인공 지능의 완성도를 높여 가는 중이었는데, 챗GPT가 갑자기 치고 나오는 바람에 비상이 걸렸죠.

구글은 초거대 인공 지능을 개발하고도 상용화를 주저했습니다. 잃을 게 많았기 때문이죠. 챗GPT 같은 인공 지능은 검색, 관심사 알고리즘 생성, 클릭 유발, 추천 광고 생성이라는 검색 패러다임을 무너뜨릴 수 있습니다. 이런 검색 패러다임은 구글의 수익 모델입니다. 구글은 검색과 광고 시장에서 지배적인 위치를 유지하기 위해 초거대 인공 지능을 상용화하지 않았습니다. 반면에 신생 기업인 오픈AI는 잃을 게 없었습니다.

다른 이유도 있었습니다. 만약 구글이 만든 인공 지능 챗봇이 엉뚱한 답을 하거나 윤리 논란에 휩싸이면 기업 이미지, 더 나아가 주가 등에 타격을 입을 수 있습니다. 앞에서 설명했듯이 구글이 급하게 출시한 바드가 답변을 잘못해 실제로 주가가 떨어지는 일이 벌어졌죠.

PC 기반 검색 시장에서는 구글 방식이 유리하지만, 모바일 기반 시장에서는 챗GPT 방식이 선호될 수 있습니다. 젊은 세대는 텍스트보다 영상과 이미지에 더 익숙하기 때문에 정보를 검색할 때 전통적인 포털 사이트보다 소셜 미디어(유튜브, 인스타그램 등)를 찾는 경향이 있습니다. 이런 경향이 이어진다면 전통적인 형태의 검색 엔진은 경쟁력을 잃을 가능성이 있습니다. 기업들이 앞다퉈 챗GPT와 유사한 서비스를 내놓는 이유입니다. 이미 마이크로소프트는 검색 엔진 '빙'에 GPT-4를 도입했고, 구글도 챗GPT의 대항마로 '바드'를 내놓으며 맞불을

놓았습니다. 네이버는 '네이버 서치 GPT'를 출시하겠다고 밝혔습니다.

반론도 있습니다. 검색에서 중요한 것은 정확성과 철저성입니다. 만약 열 번의 시도 중 한 번이라도 문제가 발생한다면, 사용자는 그 서비스를 신뢰하기 어려울 것입니다. 결국 다른 서비스를 찾게 되겠죠. 현재 시점에서 부정하기 어려운 사실이 있습니다. 대화형 인공 지능에 대한 장밋빛 기대에도 불구하고, 아직은 구글식 검색에서 더 정확한 결과를 얻을 확률이 높다는 점입니다.

검색 분야에서 챗GPT와 같은 대화형 인공 지능이 신뢰를 쌓으려면, 검색 결과의 정확성과 객관성을 높여야 합니다. 정확성과 객관성을 높이기 위해 출처 제공 기능을 추가할 수 있습니다. 마이크로소프트의 빙 챗봇이 이미 시작했습니다. 다만 아직 부족해 보입니다. 연관성이 낮은 출처를 제시하거나, 관련된 출처라 해도 품질이 낮은 경우가 많습니다. 예를 들어, 답변 내용을 뒷받침할 논문이나 보고서를 제시하기보다 블로그 글을 알려 주는 식입니다. 챗GPT가 이런 문제를 어떻게 극복할지 주목됩니다.

말 한마디로 움직이는 세상:
음성 인터페이스와 결합

정보 통신 기기의 발전은 인터페이스interface의 발전과 궤를 같이합니다. 인터페이스는 인간과 사물 간의 소통을 위해 만들어진 물리적 매개체를 뜻합니다. 초창기 개인용 컴퓨터pc는 명령어 인터페이스였습니다. 1980년대 후반에서 1990년대 초반까지 PC로 작업하려면 명령어를 일일이 입력해야 했습니다. PC가 대중화되는 데는 아이콘, 마우스 등 그래픽 사용자 인터페이스Graphical User Interface, GUI가 결정적인 역할을 했습니다. 스마트폰도 그래픽 인터페이스 방식에 속합니다. 화면 속 아이콘과 메뉴를 직접 터치하니까요. 터치가 마우스의 역할을 대신합니다.

그래픽 인터페이스가 완벽한 건 아닙니다. 어떤 기능이 어디에 있는지 알아야 터치할 수 있으니까요. 가령 스마트폰 배경 화면을 바꾼다고 해 보죠. 먼저 '설정' 아이콘을 찾은 다음에 '화면' 카테고리에서 해당 내용을 찾아야죠. 휴대폰을 새로 교체하면서 설정을 바꾸기 위해 시행착오를 겪은 경험이 다들 있을 겁니다. 또, 터치는 눈과 손을 모두 필요로 합니다. 즉 스마트폰 조작과 다른 일을 동시에 하기 어렵습니다. 이는 불편함을 넘어 때로는 위험을 부릅니다. 운전 중 스마트폰 조작으로 교통사고가 늘어나고 있으니까요.

그래픽 인터페이스의 한계를 극복할 수 있는 게 음성 기반 인터페이스Linguistic User Interface, LUI입니다. 쉽게 말해, 말로 명령하는 겁니다. 음성 인터페이스는 키보드나 마우스와 같은 입력 장치가 필요 없어요. 그 덕분에 시각적인 정보가 부족하거나 다른 작업에 집중해야 하는 상황에서 편리하게 사용할 수 있습니다. 음성 인터페이스는 스마트폰, 스마트워치, 스마트 스피커 등 다양한 기기에 이미 활용되고 있죠. 구글 어시스턴트, 아마존 알렉사, 애플 시리 등이 대표적입니다.

챗GPT와 음성 인터페이스가 결합한다면 사용자는 편리하고 빠르게 챗GPT와 상호 작용할 수 있습니다. 사용자는 손이나 눈을 사용하지 않고도 음성만으로 챗GPT에게 질문하거나 요청할 수 있습니다. 손을 자유롭게 쓸 수 없는 상황(운전 중, 작업 중)에 있는 사용자에게 유용합니다. 시각 장애인도 챗GPT를 쓸 수 있겠죠. 인간과 기계의 소통 방식이 혁신적으로 바뀌는 것입니다. 챗GPT와 음성 인터페이스가 결합한다면 스마트

폰이나 스마트워치에 대고 혼잣말하는 사람이 많아질 것입니다. 기성세대는 GUI 시대를 살았지만, 미래 세대는 LUI 시대를 살 것입니다.

영화 〈아이언맨〉을 보면 '자비스'라는 이름이 자주 등장합니다. "자비스, 여기서 얼마나 걸리지?", "자비스, 설계한 거 홀로그램으로 보여 줘."와 같이 아이언맨은 인공 지능 비서 자비스에게 많은 일을 요청합니다. 챗GPT가 사람의 말(애매모호한 말까지)을 잘 이해하고 사람과 자연스럽게 대화하게 된다면 연결형 플랫폼의 역할을 할 것입니다. 챗GPT에게 말로 명령하면 사물 인터넷으로 연결된 주변의 모든 기기를 제어할 수 있습니다. "침실 커튼을 닫아 줄래?", "거실 전등의 밝기를 낮춰 줄래?", "냉장고에 있는 재료로 만들 수 있는 음식을 알려 줘." 같은 요구가 가능하겠죠. 자비스 같은 '나만의 비서', '나만의 조수'가 생기는 겁니다.

사용자와 챗GPT가 말로 대화를 주고받는다면 여러모로 편리하겠죠. 챗GPT에게 음성으로 정보를 요청하고, 챗GPT가 제공하는 정보를 음성으로 들을 수 있다면 지금보다 훨씬 편리할 것입니다. 음성 인터페이스와 결합한 챗GPT는 다양한 분야에서 활용될 수 있습니다. 특히 교육, 의료, 엔터테인먼트 등의 분야에서 챗GPT와 음성 인터페이스의 결합은 큰 잠재력을 가지고 있습니다. 교육에 대해서는 이후에 다루기로 하고, 먼저 의료와 엔터테인먼트를 중심으로 살펴보겠습니다.

미래에는 누구나 '개인 주치의'를 갖게 될 것입니다. 의료 분야에서는 챗GPT와 음성 인터페이스가 결합한다면 환자들은 질문을 더 쉽게 할 수 있습니다. 자신의 증상을 말로 설명하면 챗GPT가 의료 정보를 제공해 줄 수 있습니다. 예를 들어 사용자가 두통이나 발열 등의 증상을 말하면 챗GPT가 그에 따른 원인이나 치료법, 병원 추천 등을 음성으로 알려 줄 수 있습니다. 이런 기술은 의료 정보의 접근성을 높여 줍니다. 병원에 가지 않고 집에서도 자신의 건강 상태를 모니터링할 수 있죠. 의사나 간호사가 환자의 처방전이나 진료 기록 등을 작성할 때도 유용합니다. 음성으로 내용을 말하면 챗GPT가 알아서 텍스트로 변환하고 저장할 수 있습니다. 이렇게 하면 의료 정보의 작성과 검색에 드는 시간과 비용을 줄일 수 있습니다.

음성 인터페이스에 기반한 챗GPT는 사용자의 요청에 따라 게임이나 영화, 음악 등의 콘텐츠를 추천할 수 있습니다. 예를 들어 사용자가 장르나 배우, 가수 등의 키워드를 음성으로 말하면 챗GPT가 그에 맞는 콘텐츠를 찾아서 음성으로 소개해 줍니다. 콘텐츠를 감상한 후에는 챗GPT와 관련 내용을 이야기 나눕니다. 사용자는 챗GPT와 함께 콘텐츠를 더 깊이 이해하고 즐길 수 있습니다. 챗GPT는 사용자의 기분 등에 맞춰 맞춤형 콘텐츠를 제공할 수도 있습니다. 예를 들어 사용자가 우울한 감정을 표현하면 챗GPT가 대화 상대가 되어 주거나 기분 전환을 위해 음악 등을 권해 줄 수 있습니다. 사용자는 챗GPT와 대화하면서 자신의 감정을 표현하고 공감받을 수 있습니다.

챗GPT로 인간은 바보가 될까, 아니면 왕처럼 교육받을까?

알렉산드로스 대왕은 누구에게 교육을 받았을까요? 철학자 아리스토텔레스입니다. 아리스토텔레스가 누군가요? 논리의 기본인 삼단 논법의 기초를 만든 철학자 중의 철학자입니다. 1966년 최초의 교육용 소프트웨어를 개발한, 스탠포드대학교의 철학 교수 패트릭 서피스Patrick Suppes는 컴퓨터 기술이 발전하면 수많은 학생이 아리스토텔레스에게 과외받는 날이 올 것으로 예측했습니다.

미래에는 누구나 '개인 가정 교사'를 갖게 될 것입니다. 챗GPT는 학생들에게 맞춤형 교육을 제공할 수 있는 최적의 교사 역할을 할 수 있습니다. 맞춤형 교육이란 개별 학습자의 학업 성취 수준, 심리 특성, 가정 환경 등을 종합적으로 고려하여 개별 학습자에게 가장 적합한 학습 경험을 제공하는 교육입니다. 맞춤형 교육은 모든 학생이 필요한 학습에 성공할 수 있도록 하는 교육 본연의 모습이라고 할 수 있습니다. 맞춤형 교육은 1:1 교육 또는 교수 한 명이 소수의 학생을 가르칠 때 가능합니다.

하지만 현재의 학교 교육은 교사 한 명이 많은 학생을 가르치는 구조로 되어 있으며, 이미 정해져 있는 교육 과정에 의해 수업을 진행하고 그 결과에 대해 평가를 진행하고 있습니다. 이런 한계는 학교 제도가 처음 생겨날 때부터 있었습니다. 맞춤형 교육이 어려운 구조적 이유입니다. 교육 개혁 운동가 윌리엄 에어스William Ayers는 『가르친다는 것』에서 이렇게 조언합니다.

"교실과 학교를 편협하고 빈약한 일방적 평가가 이루어지는 시험 공장이 아니라, 아이들이 전체적으로 건강하게 발달할 수 있게 하는 좋은 환경이자 공동체로 만들어야 한다."

게다가 많은 교사가 과중한 업무에 시달립니다. 교사들이 주로 하는 일은 무엇일까요? 크게 수업, 담임, 행정 사무 등 세 가지로 정리할 수 있습니다. 그런데 담임 업무라는 게 수납과 공고, 학생 관리, 자료 입출력 등 각종 행정 업무를 포함합니다. 행정 사무 역시 교육청에서 날아온 공문서 처리, 학교 시설 중 일정 부분에 대한 관리, 학교 일정을 진행하는 데 필요한 각종 사무(시험 관리, 수업 시간표 관리 등), 학생 전출입 관련 사무, 교육청과 교육부가 진행하는 각종 정책 사업 등을 포함합니다. 챗GPT는 교사가 수업에 집중하도록 반복 업무의 부담을 덜어 줄 수 있습니다.

챗GPT를 통해 한 명의 선생님으로는 할 수 없던 개별 학생의 수준에 따른 맞춤형 학습을 실현할 수 있습니다. 챗GPT를 기반으로 한 온라인 튜터링 서비스가 가능합니다. 예를 들어 학생들이 영어 작문 과제를 할 때 도움을 줄 수 있습니다. 학생들이 영문으로 작성한 글을 제출하면, 챗GPT가 글의 내용과 구조, 표현 등을 검토하고 피드백을 줍니다. 학생들에게 맞춤형 학습을 제공해 영어 작문 능력을 향상시키고 학업 성취도를 높여 줍니다.

앞으로 챗GPT를 활용한 맞춤형 교육은 더욱 확산할 것입니다. 인공 지능 기술이 발전하면 챗GPT와 지금보다 더 정교한 대화를 나눌 수 있습니다. 그에 따라 챗GPT를 활용한 맞춤형 교육도 다양하게 시도될 가능성이 큽니다. 챗GPT와 음성 인터페이스가 결합한다면 활용 가능성은 더욱 커질 수 있습니다. 앞서 살펴본 온라인 튜터링 서비스에도 음성 기반 챗GPT가 활용되겠죠. 챗GPT는 학생들과 대화하면서 에세이 주제에 대해 더 깊이 생각하도록 유도하거나 관련된 자료나 예시를 설명해 줍니다. 챗GPT 같은 생성형 인공 지능이 창의력과 지적 능력을 자극하고 발전시켜 줄 것입니다.

사용자가 어떤 과목이나 주제에 관심이 있거나 어려움을 겪고 있다면 챗GPT가 그에 따른 퀴즈나 과제물 등을 음성으로 제시하고 채점하고 피드백을 줄 수 있습니다. 또한 사용자가 질문이나 의견을 음성으로 말하면 챗GPT가 그에 대해 응답하거나 질문을 던져서 대화를 이어 나갈 수 있습니다. 이런 방식으로 사용자는 챗GPT의 도움을 받아 자신의 학습 목표와 속도에 맞춰 학습할 수 있습니다.

외국어 학습에도 챗GPT를 활용할 수 있습니다. 음성 인터페이스가 결합된 챗GPT는 사용자와 외국어로 대화할 수 있고, 발음이나 억양을 교정해 줄 수도 있습니다. 상황 설정도 가능합니다. 예컨대 해외여행을 준비하고 있다면 공항에서 세관을 통과할 때를 가정해서 대화를 연습할 수 있고, 호텔 도착을 가정해 예약이 잘 되었는지, 아침에 모닝콜을 언제 해 줄지, 방을 어떻게 바꿀 수 있는지 등 여러 대화 상황을 연습할 수 있습니다. 챗GPT와 자주 대화하면서 외국어 실력을 기를 수 있습니다.

마지막으로 글쓰기 교육에도 활용할 수 있습니다. 챗GPT는 글에 대한 평가와 피드백을 제공할 수 있습니다. 맞춤법, 글의 구성, 논리와 근거 등을 분석하고 평가할 수 있습니다. 이를 바탕으로 개선할 부분을 알려 줍니다. 예를 들어, "주어진 글을 1점부터 10점까지 점수를 매긴다면 몇 점을 줄 수 있을까"라고 요청하면 챗GPT는 학생이 작성한 글의 장단점을 분석하고 점수를 매겨 줍니다. 글을 잘 못 쓰는 사람은 더 잘 쓰도록 돕고, 글을 잘 쓰는 사람은 더 빨리 더 잘 쓰도록 돕습니다.

챗GPT에 기반한 맞춤형 교육의 미래는 우리에게 새로운 가능성과 도전을 제시합니다. 챗GPT를 적절하게 활용하고 관리하기 위해서는 몇 가지 조건이 필요합니다. 첫째, 챗GPT가 제공하는 정보에 너무 의존하지 않고, 자신의 판단과 의견을 가지고 비판적으로 생각하고 분석하는 능력을 키워야 합니다. 둘째, 챗GPT가 인간의 창의력과 지적 능력을 대체하거나 압도하지 않도록 인간과 인공 지능의 협업과 조화를 추구해야 합니다.

관련 뉴스 1,000건으로 파헤쳐 본
챗GPT 워드 클라우드

생성형인공지능
이탈리아 MS 공무원 활용 방법
스마트폰 인공지능 대학가 보고서 AI 개인정보
오픈AI
ChatGPT
스마트폰
전문가 사용자 챗봇 챗GPT개발사
구글 교육현장 마이크로소프트
Bard Bing 삼성전자
챗GPT사용법 대화형인공지능챗GPT

6장

챗GPT는 시작일 뿐

차근차근 이해하는 인공 지능의 모든 것

인간처럼 말하는 인공 지능이 탄생하기까지: 인공 지능의 발전사

존 매카시, 마빈 민스키 등이 주도하여 1956년 다트머스대학교에 과학자들이 모였습니다. 그 자리에 모인 과학자들은 '생각하는 기계'의 이름을 인공 지능Artificial Intelligence AI이라 정했습니다. 기계가 어려운 계산을 척척 해낸다면 '사물 인식', '언어 처리'처럼 인간에게 쉬운 문제도 쉽게 풀 수 있지 않을까요? 사람들은 물건을 스스로 운반하고 인간이 풀지 못하는 수학 난제를 풀 수 있는 기계가 곧 나올 것으로 예상했습니다. 1965년 하버트 사이먼은 "모든 면에서 인간보다 우월한 기계가 20년 내에 만들어질 것"이라고 예측했죠.

하지만 인간에게 쉬운 문제가 기계에는 결코 쉽지 않았습니다. 이를 '모라벡의 역설'이라 부른답니다. 인간에게 쉬운 것이 기계에 어렵고, 반대로 인간에게 어려운 것은 기계에 쉽다는 역설을 말합니다. 컴퓨터는 인간이 할 수 없는 천문학적인 숫자를 계산해 냅니다. 덕분에 날씨 예측처럼 인간이 계산하기 어려운 일을 할 수 있습니다. 명확한 규칙의 적용을 받는 일은 잘하지만, 50년 넘는 연구에도 세계 최고의 슈퍼컴퓨터

조차 강아지와 고양이를 구별하지 못했습니다. 강아지와 고양이도 구별 못 하는데 어떻게 인간처럼 생각하겠어요? 인공 '지능'으로 부르기도 민망하죠.

인공 지능 개발의 역사에는 겨울AI Winter이 있었습니다. 인공 지능 개발의 침체기를 뜻합니다. 인공 지능의 기대와 성과가 크게 벌어지고, 연구 자금이 줄어들면서 두 번의 겨울잠을 자야 했습니다. 인공 지능 기술은 대체로 세 차례에 걸친 연구 시기를 거쳐 확산 발전했습니다. 현재의 인공 지능 붐은 '제3차 인공 지능 시대(2000년)'라고 부릅니다. 제1차 인공 지능 시대(1960년)는 '추론, 탐색의 시대'로 규정합니다. 제2차 인공 지능 시대(1995년)는 '지식의 기술, 관리의 시대'입니다.

과거 인공 지능 기술은 규칙(지식) 기반 시스템 또는 전문가 시스템을 사용했습니다. 전문가 시스템은 특정 분야의 전문가가 일일이 규칙을 입력하는 방식입니다. 초기에는 성과가 있었습니다. 그런데 규칙에서 벗어나는 예외가 너무 많아서 실용성이 떨어졌습니다. 예를 들어 고양이를 인식하는 인공 지능을 만든다고 합시다. 다리는 네 개이고, 얼굴은 어떻게 생겼고, 털 색깔은 어떠하고……. 고양이에 관한 수천수만 가지 정보를 알려 줍니다. 그런데 현실에는 사고를 당해 다리가 세 개인 고양이가 있을 수 있죠. 다리가 네 개라고 규칙을 입력받은 인공 지능은 이런 고양이를 고양이가 아니라고 판단할 수 있습니다. 규칙 기반 시스템의 한계입니다.

2012년은 인공 지능이 오랜 겨울잠에서 깨어난 해입니다. 2012년에 열린 이미지 인식 대회에서 딥러닝 기반의 알고리즘이 우승하면서 인공 지능이 부활했습니다. 그때부터 인공 지능 열풍이 불기 시작했습니다. 그 열풍의 주역은 바로 '머신 러닝(기계 학습)'입니다. 규칙 기반 시스템과 달리 학습 기반 또

는 데이터 기반의 기계 학습이라고 할 수 있습니다. 제3차 인공 지능 시대는 사람이 기계를 가르치는 기존 방식의 한계를 극복하기 위해 머신러닝이 도입된 게 전환점이었습니다. 제3차 인공 지능 시대는 딥러닝deep learning을 필두로 알고리즘 개선, 빅데이터와 컴퓨팅 파워의 발전과 함께 비약적으로 발전하고 있습니다.

머신러닝은 말 그대로 기계가 스스로 학습하는 방식입니다. 사람이 기계에 규칙을 입력하지 않습니다. 머신러닝 이전까진 데이터와 규칙을 입력하면 인공 지능이 정답을 구했다면, 머신러닝 이후부턴 데이터와 정답을 주면 인공 지능이 데이터에서 정답이 이끌려 나오는 규칙을 스스로 찾아냅니다. 이를 빵 만드는 과정에 비유할 수 있죠. 전에는 밀가루(데이터)와 레시피(규칙)를 제공하면 인공 지능이 빵(정답)을 만들었다고 볼 수 있습니다. 지금은 빵과 밀가루를 던져 주면 인공 지능이 알아서 레시피를 만들어 냅니다. 그게 바로 규칙이죠.

고양이에 대한 정보를 일일이 알려 주지 않습니다. 그저 고양이를 찍은 수많은 사진을 보여 줄 뿐입니다. 이처럼 많은 데이터, 즉 다양한 경험을 입력받은 인공 지능이 스스로 고양이에 대해 학습하는 겁니다. 기계가 데이터에서 스스로 규칙을 찾아냅니다. 놀라운 점은 사람이 찾지 못하는 규칙까지 찾아낸다는 사실입니다. 아이가 말을 배우는 과정과 비슷합니다. 대상(🐈)과 그 대상을 가리키는 말('고양이')을 되풀이해서 알려주면, 아이는 스스로 고양이를 말할 수 있게 됩니다.

인공 지능을 똑똑하게, 머신러닝

이제 막 걷기 시작한 어린아이가 있습니다. 보이는 족족 입으로 가져갑니다. 어떤 건 달콤해서 먹기 좋지만, 어떤 건 쓰고 딱딱해서 먹을 수 없습니다. 달콤한 건 삼키고 쓰고 딱딱한 건 뱉습니다. 어린아이는 이런 행위를 수없이 반복합니다. 그 과정에서 먹을 수 있는 것과 먹을 수 없는 것을 알게 되죠. 이를 학습이라고 합니다. 학습을 통해 아이는 나름의 판단력을 갖게 됩니다. 무엇을 먹을 수 있을지, 먹어야 하는지 등을 판단하는 거죠.

인공 지능도 학습을 통해 이런 판단력을 갖출 수 있습니다. 아이가 먹을 수 있는 것과 먹을 수 없는 것을 배우는 것과 비

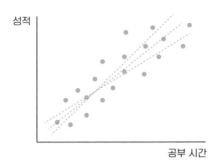

성적

공부 시간

숫합니다. 머신러닝을 만든 사람들은 인공 지능의 이런 판단력이 구체화한 형태를 '모델Model'이라고 부른답니다. 머신러닝에서 학습이란 이 모델을 만드는 과정으로 이해하면 됩니다. 앞에서 인공 지능을 함수로 볼 수 있다고 했죠? 그때의 함수가 바로 모델인 거겠죠. 모델은 데이터를 입력받아 일정하게 처리하는 과정에서 사용하는 수학적인 식입니다.

그래프에 분포된 점들을 가장 잘 대표하는 선분을 찾는 인공 지능을 만든다고 해 보죠. 1차 함수를 표현할 때 y=ax+b라고 하죠. 무수한 선을 그어 보면서 a와 b의 값을 조정합니다. 백 번이고 천 번이고 만 번이고 계속 반복합니다. 그러면 점들의 분포와 가장 일치하는 선분을 찾을 수 있습니다. 그렇게 해서 최적의 a와 b의 값을 찾아 함수를 완성합니다. 그러면 1차 함수로 이루어진 인공 지능이 완성됩니다. y=ax+b에서 a와 b

를 파라미터(매개 변수)라고 합니다. 모델이 복잡하다는 것은 매개 변수가 많다는 뜻이기도 합니다. 챗GPT에는 a, b와 같은 매개 변수가 무려 1,075억 개나 있습니다. 챗GPT가 똑똑한 것도 그 때문입니다.

하나의 선분을 찾는 모델은 단순한 모델입니다. 실제로 머신러닝에서 학습을 통해 만들어지는 모델은 훨씬 복잡합니다. 머신러닝을 통해 사람이 손으로 쓴 숫자를 인식한다거나 개와 고양이를 구분하는 모델을 만들 수 있습니다. 손 글씨를 인식하는 인공 지능은 어떻게 만들까요? y=f(x)에서 x에는 화소 값이, y에는 특정 숫자가 나오는 모델을 만들어야 할 텐데요. x와 y 사이의 관계를 수학적으로 모델링하고, 데이터를 통해 최적의 매개 변수를 찾아내면 됩니다. 얼핏 생각해도 1차 함수로는 쉽지 않겠죠? 훨씬 복잡한 함수가 필요해 보입니다.

머신러닝을 활용하면 학습 데이터가 달라질 때마다 인공 지능이 새로운 함수를 만들 수 있습니다. 그 결과 인간이 규칙화하기 어려운 세부 사항까지 함수에 반영할 수 있죠. 예를 들어, 음성 인식이나 이미지 분류 같은 문제는 인간이 직접 규칙을 만들기 매우 어렵습니다. 앞서 제시한 다리가 세 개인 고양이처럼 말입니다. 하지만 머신러닝 덕분에 인공 지능은 다양한 음성 데이터, 이미지 데이터를 학습해 대상을 판별할 방법을 스스로 찾아냅니다. 이렇게 머신러닝은 이전의 기술로는 풀기 어려웠던 문제를 효과적으로 해결할 수 있습니다.

머신러닝에는 데이터에 정답을 달아서 학습시키는 지도 학습supervised learning, 정답이 없는 데이터로부터 규칙이나 특징을 발견하는 비지도 학습unsupervised learning, 선택에 따른 보상을 통해 학습하는 강화 학습reinforcement learning이라는 세 가지 방식이 있습니다. 이들 학습 방식은 사람이 배우는 방법과 유사합니다. 사람은 자라면서 다양한 경험을 하며 살아가는 데 필요한 것들을 배웁니다. 배우는 방법은 크게 세 가지입니다. 인간은 스스로 탐구하거나, 누군가의 가르침을 받거나, 결과에 따른 보상(상과 벌, 칭찬과 꾸중 등)을 통해 배웁니다. 그 과정에서 해도 되는 행동과 하면 안 되는 행동을 구별하게 됩니다.

예를 들어, 강아지와 고양이의 사진에 어떤 동물인지 라벨을 붙여서 인공 지능에게 알려 주면, 인공 지능은 라벨과 사진 사이의 관계를 파악하고, 새로운 사진에도 라벨을 맞추려고 할 것입니다. 이것이 지도 학습입니다. 라벨 없이 강아지와 고

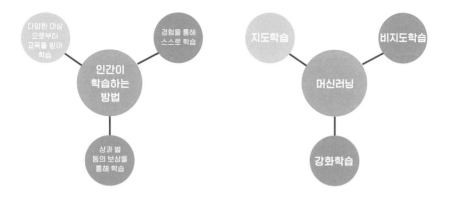

양이의 사진을 그냥 주면, 인공 지능은 사진 안의 동물들이 어떻게 다른지 스스로 분석하고, 비슷한 것들끼리 묶어서 구분하려고 할 것입니다. 이것이 비지도 학습입니다. 인공 지능이 바둑판에 돌을 어디에 놓아야 할지 선택하고, 그 선택이 좋으면 승리라는 보상을 받습니다. 인공 지능은 승리하기 위한 최선의 선택을 찾기 위해 수많은 시행착오를 겪으면서 학습하게 됩니다. 이것이 강화 학습입니다.

머신러닝으로 훈련된 인공 지능은 이미지 인식에 능합니다. 그런데 '대상을 인식할 수 있다'는 것은 대상의 특성을 어느 정도 파악한다는 뜻이기도 합니다. 그렇다면 파악한 특성을 바탕으로 한발 더 나아갈 수도 있지 않을까요? 예를 들어 '고양이다/아니다'를 구분할 만큼 고양이의 특성을 파악할 수 있다면, 이를 바탕으로 고양이의 이미지를 새로 만들 수 있지 않을까요?

컴퓨터 과학자들은 2010년대 중반부터 이런 가능성을 적극적으로 밀어붙였습니다. 그 결과 형성된 흐름이 '생성 모델 Generative Model'입니다. 2010년대 말부터 인공 지능이 고양이 이미지를 학습한 후에 스스로 고양이를 그려 내기 시작했습니다. 세상에 있는 고양이가 아니라 생성 모델이 창조한 고양이입니다. 머신러닝 중 하나인 딥러닝 초기에는 식별 모델에 집중했는데, 지금은 생성 모델이 붐을 이루고 있습니다.

인공 지능을 더 똑똑하게, 딥러닝

인공 지능 연구자들은 '기계 학습을 하는 컴퓨터가 사람처럼 똑똑해지려면 어떻게 해야 할까?'를 고민했습니다. 사람처럼 똑똑해지려면 사람의 뇌를 따라 하면 되지 않을까요? 인간의 신경망은 뉴런이라는 신경 세포로 구성됩니다. 뇌에는

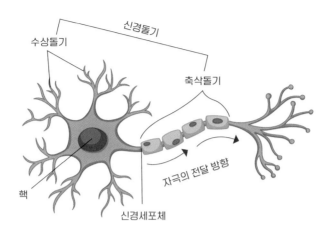

수상돌기

신경돌기

축삭돌기

핵

신경세포체

자극의 전달 방향

1,000억 개의 뉴런이 있습니다. 그런데 신호는 일정 수준을 넘어야만 다른 뉴런들에 전달됩니다. 임계치에 이르지 못하면 다음 뉴런으로 전달되지 않습니다.

　이렇게 단순한 기능을 하는 뉴런이 어떻게 정보를 처리하고 저장할 수 있을까요? 바로 수많은 뉴런이 네트워크를 이루고 있기 때문에 가능합니다. 하나의 뉴런은 100~1,000개의 다른 뉴런들과 이어져 있습니다. 1,000억 개의 뉴런이 각각 100~1,000개씩 연결돼 있다고 상상해 보세요. 이렇게 연결된 뉴런들끼리 신호를 주고받으며 자극에 대한 인간의 반응을 이

끌어 냅니다. 개별 뉴런은 신호를 주고받는 단순한 기능만 하지만, 뉴런들이 거대한 네트워크를 이루면서 똑똑한 뇌가 된답니다.

이런 뇌의 신경계를 모방한 것이 인공 신경망입니다. 인공 신경망은 입력층, 중간층(은닉층), 출력층으로 구성됩니다. 입력층에는 자료를 투입하고, 출력층에서는 결과물을 내놓습니다. 중간층에서는 자료를 판단하고 가공합니다. 중간층이 많을수록 더 복잡하고 다양한 판단이 가능합니다. 예를 들어, 얼굴을 인식하는 인공 신경망이 있다면, 첫 번째 중간층에서는 얼굴의 윤곽을 인식하고, 두 번째 중간층에서는 눈, 코, 입 등의 부위를 인식하고, 세 번째 중간층에서는 색깔이나 주름 등의 특징을 인식할 수 있습니다.

딥러닝이란 이름은 바로 이 중간층에서 비롯했습니다. 중간층을 여러 층으로 깊게 만들어서 학습시키기 때문에 '딥'러닝이라고 부릅니다. 은닉층이 2개 이상일 때 딥러닝이라고 합니다. 여러 층수가 왜 필요할까요? 층수가 깊을수록 더 추상적이고 창의적인 학습이 가능합니다. GPT-1은 12층, GPT-2는 48층, 챗GPT의 기반인 GPT-3.5는 무려 96층의 은닉층을 거

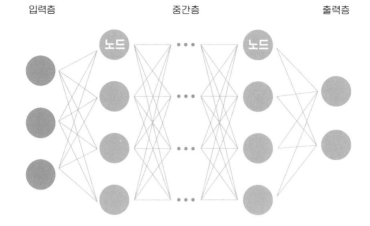

입력층   중간층   출력층

노드   노드

느립니다. 층수가 많아질수록 더 많은 것을 할 수 있습니다.

인공 신경망은 수많은 노드로 연결돼 있습니다. 그림 속 동 그라미가 노드입니다. 노드와 뉴런이 비슷하다고 생각하면 됩니다. 뉴런처럼 노드끼리 연결돼 있고 신호를 주고받습니다. 그런데 모든 노드가 같은 강도로 신호를 주고받는다면 아무것도 판단하고 학습할 수 없게 됩니다. 들어온 신호가 그대로 전달만 될 테니까요. 신호 가운데 불필요한 정보는 삭제하고 필요한 정보만 간추릴 필요가 있습니다. 그런 역할을 하는 게 바로 가중치입니다.

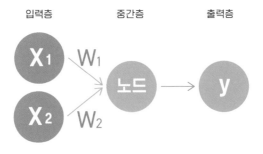

입력층　　　　　중간층　　　　　출력층

입력값 X_1와 X_2는 각각 가중치 W_1와 W_2를 곱해 출력값 Y를 산출합니다. 즉 $Y=X_1 \times W_1 + X_2 \times W_2$입니다. 이때 가중치가 0이면 그 연결은 끊어지게 되고, 가중치가 커지면 전달되는 신호도 세집니다.

간단한 사례를 가지고 가중치와 딥러닝의 원리를 살펴보죠. 컴퓨터 게임을 할지 말지 대신 판단해 주는 인공 지능을 만든다고 해 봅시다. '할까?'의 판단 기준을 70으로 설정하겠

입력　　　　　판단　　　　　출력

기준 70 이상

* 어린이 인공 지능

입력   판단   출력

하고 싶어 90 ×1   기준 70 이상   86

할까? → 할래

눈치 보여 40 ×-0.1

입력   판단   출력

하고 싶어 90 ×1   기준 70 이상   50

할까? ✕ 할래

눈치 보여 40 ×-1

판단 기준인 70을 넘지 못해 전달되지 않음

* 청소년 인공 지능

습니다. 70 이상이 되면 게임을 하고, 70 미만이면 게임을 하지 않습니다. 게임을 하고 싶은 마음이 85라고 해 봅시다. '어린이 인공 지능'은 당연히 '할래'라는 출력을 내놓겠죠.

'청소년 인공 지능' 역시 판단 기준은 똑같이 70이지만, 입력값이 2개로 늘어났습니다. '청소년 인공 지능'은 '부모님의 눈총'이라는 변수를 고려합니다. 하고 싶은 마음은 90인데, 부모님 눈치는 40이라고 가정해 보겠습니다.

'눈치 보여'의 가중치에 따라 출력값이 달라지겠죠. 가중치가 -0.1이면 $1\times90+(-0.1\times40)=86$이 됩니다. 게임을 할 수 있겠죠. 가중치가 -1이면 $1\times90+(-1\times40)=50$이 됩니다. 게임을 못 하겠네요. '눈치 보여'의 가중치 절댓값이 -0.1처럼 작으면 게임을 하기 쉽고, -1처럼 크면 게임을 하기 어렵습니다. 가중치의 절댓값이 작다고 무조건 좋은 모델인 것은 아닙니다. 부모님에게 혼나지 않으면서 눈치껏 게임을 하도록 잘 판단해야 좋은 모델일 테죠. 인공 지능은 수많은 가중치를 대입해서 혼나지 않으면서 게임을 할 수 있는 최적의 가중치를 찾아냅니다.

가중치를 조정해 가며 최적의 가중치를 찾는 게 인공 지능의 목표입니다. 가중치, 즉 매개 변수의 값은 고정된 게 아니라 인공 신경망이 학습하는 과정에서 계속 바뀝니다. 딥러닝에서는 입력값에 인공 지능이 직접 찾아낸 가중치를 반영해 출력값을 산출합니다. 실제값과 출력값의 차이를 최소화하는 가중치를 모색하는 게 관건입니다. 가중치를 잘 찾아내야 뛰어난 인공 지능입니다.

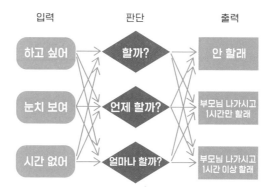

입력	판단	출력
하고 싶어	할까?	안 할래
눈치 보여	언제 할까?	부모님 나가시고 1시간만 할래
시간 없어	얼마나 할까?	부모님 나가시고 1시간 이상 할래

이 가중치가 바로 앞에서 살펴본 파라미터와 관련됩니다. 앞서 배웠던 매개 변수 기억하죠? 함수 y=ax+b에서 a와 b를 매개 변수라고 했습니다. 매개 변수 a가 바로 가중치입니다. 인공 지능을 학습시킨다는 것은 수많은 가중치를 대입해 보는 과정을 거쳐 최적의 가중치를 찾는 것입니다. 인공 지능을 하나의 기계라고 한다면, 매개 변수는 기계를 조절하는 스위치와 같습니다. 스위치를 미세하게 조종해 기계의 정확도를 높이는 겁니다. 매개 변수는 인공 신경망이 어떤 데이터를 어떻게 해석하고 처리할지 결정하는 인공 지능의 핵심 부품과 같습니다.

인공 지능이 고도화할수록 입력받는 데이터가 많아집니다. 즉 판단할 때 다양한 요소를 고려할 수 있습니다. 다양한 요소와 변수를 고려하기 때문에 그만큼 인공 지능의 성능도 좋아지겠죠. 앞쪽 그림과 같이 더 복잡한 형태의 인공 지능이 만들어지는 이유입니다.

딥러닝이 주목받기 시작한 것은 2012년부터입니다. 인공 지능의 이미지 인식 능력을 겨루는 이미지넷 대회가 있습니다. 100만 개의 이미지를 인식하여 그 정확도를 겨루는 대회입니다. 정확도가 첫해에는 72퍼센트, 이듬해에는 74퍼센트였습니다. 그런데 대회를 시작한 지 2년 만인 2012년에 놀라운 일이 벌어졌습니다. 토론토대학교 제프리 힌튼(Geoffrey Hinton) 교수 팀이 무려 84.7퍼센트의 정확도(반대로 15.3퍼센트의 오류율)를 보이며 우승을 차지했습니다. 참고로, 인간의 인식률은 94.9퍼센트(5.1퍼센트의 오류율) 수준입니다. 힌튼 교수팀의 정확도는 전과 비교해 월등히 높은 수치였습니다. 힌튼 교수팀이 적용한 방식이 딥러닝이었죠. 이후 다른 참가팀들도 전부 딥러닝을 활용하면서 딥러닝의 시대가 열립니다.

딥러닝의 미래를 점치기는 힘들지만, 크게 보아 언어와 음성과 이미지가 중요한 응용 분야가 되리라는 것은 틀림없어 보입니다. 이 세 가지 부분의 입력과 출력이 인간의 지능 발전에서 대단히 중요하기 때문입니다. 아예 지능 자체를 언어, 음성, 이미지를 자유롭게 다룰 수 있는 상태나 능력으로 정의하는 사람도 있습니다.

챗GPT는 이렇게 만들어졌다

챗GPT 이전에 세계를 놀라게 한 인공 지능 선배로 알파고가 있습니다. 알파고에는 지도 학습과 강화 학습이 적용됐습니다. 수많은 기보(바둑돌을 둔 순서에 번호를 붙인 기록)를 보고 바둑 두는 법을 배운 것이 지도 학습, 기보에 없는 수를 두면서 이길 확률이 높은 방법을 찾은 것이 강화 학습에 해당합니다. 챗GPT도 비슷한 과정으로 학습했습니다. 챗GPT는 인터넷에서 긁어모은 문장과 각종 질문·답변을 익히는 과정(지도 학습)과 이전에 없던 새로운 문장을 만들어 보는 과정(강화 학습)을 거쳤습니다.

챗GPT의 학습은 크게 사전 학습pre-training, 미세 조정finetuning, 사람의 피드백을 활용한 강화 학습인 RLHF~Reinforcement Learning with Human Feedback~ 세 단계로 나눌 수 있습니다. 순서대로 비지도 학습, 지도 학습, 강화 학습에 속한답니다. 사전 학습 단계에서는 방대한 양의 텍스트 데이터를 사용하여 모델이 언어의 구조와 패턴을 학습합니다. 미세 조정 단계에서는 특정 작업에 대한 추가적인 학습이 이루어집니다. 챗GPT는 이런 학습 방법 외에도 사람의 피드백을 활용한 강화 학습을 활용하여 대화에 최적화되었습니다.

사전 학습~pre-training~은 비지도 학습의 한 형태로, 방대한 양의 텍스트 데이터를 사용하여 모델이 언어의 구조와 패턴을 학습하는 과정입니다. 챗GPT는 3,000억 개가 넘는 문장 토큰과 그 사이의 확률적 상호 관계를 학습했습니다. 사전 학습 과정에서 모델은 명시적인 감독이나 레이블이 지정된 데이터 없이 대규모 텍스트 말뭉치를 학습했습니다. 대신 언어 모델링 작업이라고 하는 일련의 텍스트에서 다음 단어를 예측하도록 모델을 학습시킵니다. 이런 유형의 사전 학습은 모델이 텍스트의 기본 패턴을 학습하는 데 사람이 레이블을 지정한 데이터가 필요하지 않으므로 비지도 학습에 속합니다.

미세 조정fine-tuning은 이미 학습된 모델을 새로운 작업에 적용하기 위해 추가적인 학습을 진행하는 것을 의미합니다. 언어 모델은 미세 조정 단계에서 특정 작업에 대한 추가적인 학습을 거칩니다. 예를 들어, 챗봇의 경우에는 대화 생성 작업에 대한 추가적인 학습이 이루어집니다. 이 단계에서는 대화 데이터를 사용하여 모델이 대화의 구조와 패턴을 학습하고, 이를 통해 자연스러운 대화를 생성할 수 있도록 합니다.

챗GPT에게 다양한 '질문-답'을 학습시키는 데 많은 노력이 들어갔습니다. 오픈AI는 '질문-답' 형식의 텍스트 1만 3,000개를 작성해 챗GPT에게 학습시켰습니다. 이 텍스트에는 사람들이 챗GPT 초기 버전에 입력했던 엉뚱하고 장난스러운 질문들도 담겼습니다. 오픈AI는 이런 질문에 대해서도 상세하고 친절한 답안을 작성했습니다. 이 모든 작업을 인간 작업자가 했습니다. 챗GPT의 놀라운 답변 뒤에는 이렇게 사람의 노력이 숨어 있답니다.

GPT 모델이 언제나 사용자의 의도와 가치에 부합하는 건 아닙니다. 챗GPT가 생성하는 답변은 놀랍지만, 답변 내용이 사실과 다를 수 있으며 부적절한 내용을 포함할 수 있습니다.

챗GPT가 사용자의 요구에 맞는 안전한 작업을 수행하는 목적보다 다음 단어를 잘 예측하는 목적으로 학습했기 때문에 이런 문제가 발생합니다.

오픈AI는 이런 한계를 극복하고 더 안전하고, 사용자에게 도움이 되며, 사용자의 의도나 필요에 부합하는 모델을 만들기 위해 '인간 피드백 기반 강화 학습'을 도입합니다. 사람의 피드백을 활용해 유해하고 거짓되고 편향된 답변을 최소화하

2023년 6월 중소벤처기업부는 챗GPT를 개발한 샘 알트만과 오픈AI 개발자들을 초청해 한국 스타트업과 교류하고 협업하도록 밋업meet-up 행사를 열었다.

는 학습 방식입니다. 이 방법을 소개한 논문에 따르면 인간 피드백을 거쳐 학습한 언어 모델은 13억 개의 매개 변수만 가지고도 1,750억 개의 매개 변수를 가진 언어 모델보다 더 믿을 만하고 무해한 답변을 내놓았다고 합니다. 매개 변수가 100배나 차이 나는데도 말입니다. 이처럼 인간 피드백 강화 학습은 매우 효과적인 방법입니다.

데이터 선별부터 학습, 성능 평가까지 챗GPT를 개발하는 과정에 사람이 적극적으로 개입했습니다. 2016년에 마이크로소프트는 채팅봇 테이(Tay)를 선보였다가 불과 16시간 만에 운영을 중단했습니다. 출시되고 하루도 안 돼 인종 차별과 혐오 발언을 쏟아 냈기 때문입니다. 테이는 인간의 메시지나 트위터를 통해 언어를 학습하도록 설계됐는데, 일부 사용자들이 테이를 악의적으로 세뇌했습니다. 그들은 테이에게 여성과 유색 인종에 대한 차별적 발언을 학습시켰습니다. 챗GPT가 테이와 다른 점은 인간 피드백을 통해 정교해졌다는 것입니다. 사람이 상벌 학습을 통해 "인종 차별 안 돼. 나쁜 말 하면 안 돼."를 따로 가르쳤습니다.

챗GPT에 적용된 자연어 처리 기술

챗GPT가 가진 가장 큰 장점은 우리가 일상에서 쓰는 평범한 말로 인공 지능을 다룰 수 있다는 점입니다. 이때 한국어, 영어 등 사람들이 일상에서 쓰는 언어를 '자연어Natural Language'라고 부릅니다. 자연어는 인간이 자연스럽게 사용하는 언어로, '프로그래밍 언어Programming Language'와는 성격이 다릅니다. 프로그래밍 언어는 컴퓨터가 알 수 있도록 엄격한 규칙을 따르는 언어로, C, C++, 자바, 파이썬 등이 있습니다. 프로그래밍 언어를 사용해 컴퓨터에 명령을 내리는 과정을 코딩이라고 부릅니다.

인공 지능이 우리 일상에 더 친숙해지려면 사람과의 의사소통이 가능해야 합니다. 그런데 모든 사람이 프로그래밍 언어를 공부할 순 없는 노릇입니다. 이 때문에 자연어 처리Natural Language Processing, NLP 인공 지능이 필요하게 되었습니다. NLP는 자연어의 의미를 파악해 컴퓨터가 이용할 수 있도록 구현하는 기술을 의미하며 기계 번역, 음성 인식, 질의응답, 검색어 추천 등과 같은 다양한 서비스에 활용되죠. NLP는 발전 속도가 더뎠습니다. 언어는 상황이나 문맥에 따라 의미가 바뀝니다. 인

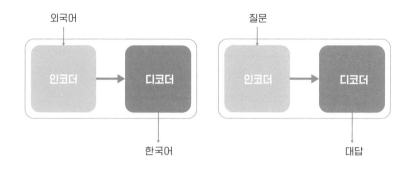

한국어 문장	나는	선생이고,	너는	학생이다.
	↓	↓	↓	↓
단어별로 번역	I	teacher be	you	student be
어법에 맞게 어순 정리	I	be teacher	you	be student
동사 시제 맞춤, 부정 관사 추가	I	am a teacher	you	are a student
문장 부호 추가, 문장 완성	I am a teacher, you are a student.			

공 지능의 언어 학습이 쉽지 않았던 이유입니다.

챗GPT에 적용된 자연어 처리 기술을 이해하기 위해 기계 번역을 가지고 설명해 보죠. 기계 번역은 컴퓨터를 사용하여 서로 다른 언어를 번역하는 일을 말합니다. '자동 번역'이라고

도 합니다. 챗GPT의 기반인 트랜스포머도 초기에 번역 모델로 제안됐습니다. 트랜스포머는 인코더와 디코더로 이루어져 있습니다. 인코더는 문장(번역할 출발어)을 입력받아서 정보를 압축합니다. 수많은 연산을 거쳐 최대한 압축하죠. 디코더는 압축된 정보를 바탕으로 새로운 문장(번역한 도착어)을 출력합니다. 외국어의 자리에 질문을, 한국어의 자리에 답변을 넣으면 챗GPT가 됩니다.

기계 번역의 역사를 보면 처음에는 '규칙 기반' 방식을 사용했습니다. 규칙 기반은 인공 지능에 번역 규칙을 하나씩 가르치고 그대로 번역하도록 하는 방식입니다. 그러나 규칙 기반은 한계가 명확합니다. 규칙을 아무리 많이 가르쳐도 언어의 변화무쌍함을 따라갈 수 없죠. 한 단어가 여러 의미를 띠는 경우가 대표적입니다. "나는 아침을 먹는다."를 영어로 번역하려면 '아침'이 'breakfast'인지 'morning'인지 판단해야 합니다. 이런 문제를 해결하려면 규칙이 많이 필요합니다. 문제는 규칙이 많아지면 서로 모순되거나 충돌하는 경우가 생긴다는 점입니다.

그래서 '통계 기반' 방식이 등장합니다. 통계 기반은 문장을 단어나 구문 단위로 쪼개서 번역하고 다시 문장으로 합칠 때 확률적인 방법을 사용합니다. 통계 기반은 규칙 기반보다 번역 품질이 향상됐지만, 여전히 문제가 남아 있었습니다. 단어와 구문을 확률적으로 완벽하게 번역해도 이를 문장으로 조합할 때 자연스럽지 못할 때가 많았거든요.

2013년 구글이 개발한 'word to vector'는 자연어 처리의 돌파구를 마련했습니다. 'word to vector'란 단어word의 의미를 수치화to vector하는 것입니다. 벡터는 숫자 행렬을 뜻합니다. 예를 들어, '태양'이라는 단어를 [0.01, 0.99, 0.99]와 같은 숫자 배열로 표현할 수 있습니다. 이렇게 단어를 벡터로 표현하면 컴퓨터가 단어의 의미를 인식하고 처리할 수 있습니다. 'word to vector'는 자연어를 활용한 머신러닝의 중요한 발전 단계가 되었습니다.

글자	십진수	이진수
A	65	100 0001
B	66	100 0010
C	67	100 0011

과거에도 문자를 숫자로 표현했습니다. 컴퓨터는 이진수만 이해할 수 있기 때문입니다. 문자를 컴퓨터로 처리하기 위해서는 공통의 기준이 필요합니다. 그래서 '아스키코드ASCII Code', '유니코드Unicode'와 같은 표준 코드를 사용합니다. 표는 영어 알파벳을 이진수로 바꾸는 아스키코드의 일부입니다. 아스키코드와 'word to vector'의 차이는 아스키코드가 문자를 단지 숫자로만 바꾼 데에 있습니다. A를 나타내는 '1000001'에는 어떤 의미도 없습니다. 그저 약속에 불과하죠.

단어	단맛	크기	둥근 정도
캐러멜	0.92	0.06	0.02
호박	0.23	0.29	0.62
태양	0.01	0.99	0.99

'word to vector'는 의미 자체를 수치화합니다. 가령 캐러멜, 호박, 태양의 의미를 숫자로 표현해 볼까요. '단맛', '크기', '둥근 정도'라는 3가지 특징으로 표현할 수 있습니다. '단맛', '크기', '둥근 정도'를 숫자로 나타내 보겠습니다. 관련성

이 없으면 0.01, 높으면 0.99로 가중치를 줘 보죠. 태양을 보자면 [0.01, 0.99, 0.99]입니다. 전혀 달지 않지만 엄청나게 크고, 완벽하게 둥글다는 의미를 나타내죠. 이렇게 숫자 3개로 표현한 것을 '3차원 벡터'라고 합니다. 숫자의 개수는 목적에 따라 100개, 500개 등 다르게 할 수 있고, 단어 벡터의 차원 수가 클수록 의미를 더 잘 표현할 수 있습니다.

이후에는 단어가 아니라 문장을 통째로 압축한 벡터가 활용됩니다. 문장 전체의 의미를 압축한 벡터입니다. 문장 벡터는 문장에 포함된 단어 벡터들의 평균이나 합과 같은 방식으로 만들어집니다. 문장 벡터에는 문장의 의미뿐만 아니라 여러 정보가 담깁니다. 예컨대 각 단어의 의미와 문맥, 위치 정보(어순) 등이 빠짐없이 반영돼 있습니다. 챗GPT 역시 문장을 벡터로 변환해 처리합니다. 문장 벡터의 도입은 자연어 처리에 크게 기여했지만, 여전히 해결해야 할 문제가 남아 있었습니다.

"시장에 가면 과일도 있고 생선도 있고 채소도 있고 고기도 있고……" 길어질수록 앞의 내용을 기억하기 어려워지죠. 트랜스포머 이전에 많이 사용된 순환 신경망RNN도 비슷한 문제가 있었습니다. 순환 신경망은 한 단어씩 읽으면서 순차적으로 처리하기 때문에 앞에 나온 단어랑 뒤에 오는 단어가 멀리 떨어져 있을 때 어려움을 겪습니다. 예를 들어 "① **손님** 한 명이 식당에 들어왔다. 식당에는 식사하는 ② **손님**들이 많았다. 그 손님은 자리에 앉아 음식을 주문했다."라는 글에서 마지막 문장의 손님이 ①인지 ②인지 잘 판단하지 못했습니다. 또한, 이런 순차적 처리 방식은 병렬 처리가 어렵습니다. 즉 대규모의 데이터 학습이 불가능합니다.

트랜스포머는 RNN의 단점을 극복하기 위해 등장했습니다. 트랜스포머는 RNN과 다르게 입력 데이터를 한 번에 전체적으로 처리합니다. 트랜스포머가 발표된 논문의 제목이 '「Attention is all you need.」라는 사실에서 짐작할 수 있듯이 트랜스포머의 핵심은 어텐션Attention이라는 알고리즘입니다. 어텐션은 인공 지능이 '어디에 집중해야 하는가'를 결정하는 알고리즘으로, 문장 내 단어들의 관계와 중요도를 파악합니다. 마치 영어 문장을 해석할 때 중요한 부분을 찾아 눈동자를 바삐 움직이는 것과 비슷하죠.

분홍색 상자로 나타낸 부분이 어텐션입니다. 분홍색 상자와 인공 지능이 예측한 단어를 유심히 살펴보세요. 인공 지능

원본 문장   중국은 인구가 많은 나라이다

1단계   중국은 → 예측 → 인구가

2단계   중국은 인구가 → 예측 → 많은

3단계   중국은 인구가 많은 → 예측 → 나라이다

이 추론한 단어가 분홍색 상자와 밀접히 관련되죠? 3단계에서 '많은'에만 집중하면 '나라'가 나오기 힘듭니다. '중국'에 집중해야 '나라'를 예측할 수 있습니다. 이처럼 어텐션은 서로 떨어져 있는 단어들조차 중요도에 따라 참조하면서 예측력을 높입니다.

트랜스포머는 데이터를 입력 순서에 상관없이 한 번에 처리할 수 있어서 병렬 처리가 가능합니다. RNN이 1차선으로 빨리 가는 방식이라면, 병렬 개념은 차선을 10차선, 30차선으로 늘려 주는 방식입니다. 30차선이라면 차량이 많아도 막히지 않겠죠. 대규모의 데이터 학습이 가능해지는 겁니다. 병렬처리 덕분에 트랜스포머는 연산 능력이 매우 빠릅니다. 트랜스포머에 힘입어 챗GPT는 대규모 데이터를 학습할 수 있고

보고서 수준의 긴 문장도 생성할 수 있습니다. 덕분에 우리가 챗GPT라는 뛰어난 인공 지능 비서를 만나게 되었죠.

GPT의 진화

오픈AI는 챗GPT를 출시한 지 4개월이 안 돼서 GPT-4를 발표합니다. 무료 버전의 챗GPT는 기존 GPT-3.5 모델에 기반하고, 유료 버전인 '챗GPT 플러스'는 GPT-4 모델을 활용합니다. 참고로, MS의 검색 엔진 '빙'을 이용하면 GPT-4를 무료로 쓸 수 있죠. GPT-4는 뛰어난 성능을 자랑합니다. 여러 테스트에서 높은 정답률을 기록하고 전문 분야에서도 높은 성적을 거두었습니다. 또한 이전 모델보다 사실을 바탕으로 대답하는 능력이 향상됐습니다. 처리할 수 있는 단어량과 기억력도 좋아졌습니다. 한국어 실력도 월등히 개선됐습니다.

GPT-4는 MMLU Measuring Massive Multitask Language Understanding 테스트에서 86.4퍼센트의 정답률을 기록했습니다. MMLU는 의학부터 수학, 화학, 철학, 외교, 경제학 등 57개 과목에 걸친 14,000개의 객관식 문제 모음입니다. GPT-4의 성적은 해당 테스트에 특화된 인공 지능 모델(75.2퍼센트)과 GPT-3.5(70.0퍼센트)보다 높았습니다. 만만치 않은 문제임을 고려할 때 꽤 인상적인 점수임이 분명합니다. 각 분야 전문가가 문제를 푼다면 90점 이상은 기록할 것입니다. 그러나 일반인이 푼다면 한 분야에서 86.4점을 맞기도 힘들뿐더러 57개 과목 전체에서 평균 86.4점을 기록하기는 더욱 어렵겠죠. 문제 풀이 능력 면에서 GPT-4가 일반인을 앞섰다고 볼 수 있습니다.

전문 분야에서도 GPT-4의 능력은 출중해 보입니다. GPT-3.5와 GPT-4에게 40개 미국 내 객관식 기반 시험을 치르게 했습니다. 미국 변호사 시험Uniform Bar Exam에서 GPT-4는 상위 10등에 들었고 GPT-3.5는 하위 90등에 그쳤습니다. 미국 로스쿨 입학시험LSAT에선 GPT-4가 상위 12등이었고 GPT-3.5는 60등이었습니다. 2020년 치러진 미국 생물 올림피아드의 경우, GPT-4의 성적은 1등이었습니다. SAT 수학에서 GPT-4는 700점(800점 만점)을 기록했습니다. GPT-3.5는 590점이었습니다. 놀라운 사실은 GPT-4가 수학을 따로 공부하지 않았다는 점입니다. 인간이 수학을 가르치지 않았습니다. 수많은 문서를 스스로 학습하고 수학의 원리를 터득해서 저런 점수를

	GPT-4	챗GPT(GPT-3.5)
미국 변호사 시험(Uniform Bar Exam)	10등	90등
생물 올림피아드	1등	68등
미국 대학 입학 자격시험(SAT) 읽기	7등	13등
미국 대학 입학 자격시험(SAT) 수학	11등	30등

* 100명 응시 기준

얻었다는 점에서 더 놀랍죠.

사실을 바탕으로 답변하는 비율도 이전 모델보다 높아졌습니다. 오픈AI는 "GPT-4는 답변의 정확도 면에서 GPT-3.5에 비해 40퍼센트가량 개선됐다."라고 밝혔습니다. 예컨대 "닭의 알과 소의 알 중에서 뭐가 더 커?"라고 물으면 GPT-3.5는 "일반적으로 닭의 알이 소의 알보다 크다."라고 잘못 말합니다. 반면에 GPT-4는 "소는 포유류이기 때문에 알을 낳지 않습니다. 소는 새끼를 임신하고 출산합니다. 따라서 소의 알이라는 것은 존재하지 않습니다."라고 질문이 성립하지 않는다는 사실을 지적합니다. 일상적인 상황에 대한 상식적인 추론을 평가하는 테스트HellaSwag에서는 95.3퍼센트의 정답률을 기록했습니다. GPT-3.5는 정답률이 85.5퍼센트였습니다. 해당 테스트에 특화된 인공 지능 모델은 85.6퍼센트를 얻었습니다.

GPT-4가 처리할 수 있는 단어량은 회당 2만 5,000단어로 챗GPT의 3,000단어보다 8배 많습니다. 짧은 문서 정도를 만들었던 기존 챗GPT와 달리, 긴 글도 완성할 수 있게 된 것입니다. 기억력(대화 내용 저장 능력)도 좋아졌습니다. 사용자와 주고받는 대화를 GPT3.5가 8,000단어를 기억한 반면에 GPT4는 6만 4,000단어를 기억합니다. 책으로 계산하면 50페이지 수준입니다.

한국어 실력도 월등히 좋아졌습니다. GPT-4의 한국어 정확도 역시 77퍼센트로 향상됐습니다. 인문학·사회과학·수학 등 다양한 분야의 문제를 각국 언어로 번역한 뒤 GPT-4 기반의 챗GPT에게 풀게 한 결과, 영어에서는 85.5퍼센트, 한국어에서는 77퍼센트의 정확도를 보였습니다. GPT-3.5가 영어 버전의 테스트에서 70.1퍼센트의 정확도를 보였던 것과 비교하면 한국어 이해 능력이 상당히 향상된 것입니다. GPT-3.5는 영어 데이터에 대한 학습을 많이 했기 때문에 한국어로 질문할 때보다 영어로 질문할 때 더 풍부한 답변을 내놓는 것으로 알려져 있습니다. GPT-4의 한국어 이해도가 GPT-3.5의 영어 이해도보다 높다는 것은 GPT-4에게 한국어로 질문해도 GPT-3.5에게 영어로 질문하는 것만큼의 답변을 얻어 낼 수 있다는 뜻입니다.

GPT의 여러 버전

오픈AI는 인간에게 유익한 친화적인 인공 지능을 지향하는 연구 조직으로, 2015년에 일론 머스크Elon Musk, 샘 올트먼Sam Altman, 일리야 수츠케버Ilya Sutskever 등이 설립했습니다. 실리콘밸리의 천재 중 한 명으로 알려진 샘 올트먼과 테슬라의 일론 머스크는 구글 같은 거대 기업이 인공 기술을 독점하지 못하도록 하고, 연구자와 개발자들에게 인공 지능 연구를 투명하게 공개하자는 철학으로 오픈AI를 설립했습니다. 이들은 인공 지능의 발전이 인류의 복지와 자유를 증진할 수 있다고 믿었으며, 인공 지능의 잠재력을 최대한 활용하기 위해 오픈AI를 비영리 기관으로 만들었습니다.

오픈AI는 설립 1년 만인 2016년에 언어 모델인 GPT의 첫 번째 버전을 발표했습니다. 2017년 GPT-2, 2018년 DALL-E 라는 이미지 생성 인공 지능, 그리고 2019년 GPT-3라는 새로 운 버전의 GPT를 잇따라 내놓았죠. GPT-3는 당시까지 개발된 언어 모델 중 가장 크고 정교한 인공 지능이었습니다. 이후 챗GPT의 기반 모델이 됩니다. 챗GPT는 이런 과정을 거쳐 탄생한 챗봇입니다.

학습 데이터의 크기를 비교하면 GPT-2는 40GB, GPT-3는 753GB에 달합니다. GPT-2는 웹 페이지 800만 개를 수집해 학습했습니다. GPT-3는 다양한 소스로부터 데이터를 무려 45TB나 수집했습니다. 그중에서 정제해 실제 사용한 데이터 크기만 753.4GB입니다. 웹 데이터 570GB, 웹 문서 50GB, e북 122GB, 위키피디아 문서 11.4GB 등으로 구성돼 있습니다. 단어로 계산하면 4,990억 단어에 이릅니다. 모델의 크기가 크고 학습 데이터의 양도 많아서 한 번 학습하는 데 120억 원 넘게 들었다고 하죠.

인공 지능이 학습을 많이 하면 매개 변수도 많아집니다. 오픈AI는 2018년부터 2020년까지 GPT-1(1억 1,700만 개의 매개 변수), GPT-2(15억 개의 매개 변수), GPT-3(1,750억 개의 매개 변수)를 차례로 내놓으며 GPT 모델의 몸집을 키워 왔습니다. GPT-3는 모델을 조절할 수 있는 작은 스위치가 1,750억 개 달려 있는 셈이죠. 매개 변수의 수를 모델 성능의 척도로 이해해도 됩니다. 1억 개의 매개 변수를 포함한 GPT-1을 10명이 근무하는 회사에 비유한다면 1,750억 개의 매개 변수를 거느린 GPT-3는 10만 명이 근무하는 회사와 비슷하다고 보면 됩니다.

인공 지능의 크기를 두 배 늘렸더니 성능이 5퍼센트가량 향상됐습니다. 크기를 키울수록 성능이 향상된다는 사실을 발견하죠. GPT의 세 번째 버전인 GPT-3를 다양한 크기로 만든 뒤 미국 역사, 수학, 법률, 의학, 경제학 등 57개 분야 14,080개의 문제를 풀게 했습니다. 매개 변수가 각각 27억 개, 67억 개, 130억 개인 모델에서는 정답률이 24~26퍼센트로 낮았습니다. 반면에 매개 변수가 1,750억 개인 모델에서는 정답률이 43.9퍼센트로 높아졌습니다.

GPT 모델들이 트랜스포머 알고리즘을 사용한다는 점은 같았지만, 모델의 크기를 키우고 학습 데이터를 늘리자 마치 사람처럼 능수능란하게 말하고 글을 쓸 수 있게 되었죠. 또 다양한 분야의 문제를 인간처럼 풀어냈습니다. GPT-3부터 사람만큼 글을 쓴다는 평가를 받기 시작했습니다. GPT-3는 인공 지능이 인간의 언어를 이해하고 생성하는, 놀라운 가능성을 보여 주었습니다. 하지만 GPT-3에도 한계가 있었고, 그 한계를 극복하기 위해 챗GPT가 개발되었습니다. 챗GPT는 GPT-3의 단점을 보완한 GPT-3.5 버전입니다.

챗GPT가 출시되고 3.5개월 뒤에 GPT-4가 나왔다고 했죠. GPT-4의 매개 변수는 공개되지 않았지만, 여러 면에서 GPT-3.5보다 진일보한 것으로 평가됩니다. 글로만 대화할 수 있었던 데서 벗어나 사진(이미지)과 문자를 결합한 질문도 이해하고 답변할 수 있습니다. 예컨대 달걀과 밀가루가 찍힌 사진을 보여 주고 "어떤 음식을 만들 수 있을까?"라고 질문하면 "팬케이크, 와플, 케이크 등의 음식을 만들 수 있다."는 답이 나옵니다. 음식별로 요리법을 물어보면 자세히 알려 줍니다.

GPT-3 출시를 계기로 매개 변수의 수를 늘려서 모델의 성능을 향상하는 '대형화'가 인공 지능 언어 모델의 트렌드로 자리 잡았습니다. 2020년 상반기까지는 GPT-2나 BERT와 같이 매개 변수가 10억 개 내외인 모델이 주류였습니다. 이때는

데이터와 모델 크기를 최적화하는 것이 연구의 중심이었으나, GPT-3 이후부터 매개 변수의 수를 늘리는 것이 핵심 요소로 자리 잡습니다. 마이크로소프트와 엔비디아가 공동 개발하는 초거대 인공 지능 'MT-NLG'가 5,300억 개, 구글의 '스위치 트랜스포머'가 1조 6,000억 개, 베이징인공지능연구소의 '우다오 2.0'이 1조 7,500억 개 매개 변수를 기록하면서 이미 세계 시장에서 조 단위 매개 변수 경쟁이 벌어지고 있습니다.

챗GPT로 인해 산업과 시장의 지각 변동이 시작됐습니다. 이제 막 시작된 AI 전쟁에서 승자가 누가 되든, 인간과 인공 지능이 조화롭게 공존해야 한다는 사실은 변하지 않습니다. 인간은 자신과 동물을 구분했습니다. 그 둘을 나누는 기준은 지능이었죠. 그러나 인간이 지능을 가진, 유일한 존재여야 할 이유는 없습니다. 그래야만 인류가 더 행복해지는 것도 아닙니다. 인간 지능을 넘보는 인공 지능이 인간은 두렵습니다. 공존할 수 있다면 두려워할 필요가 없습니다. 인간과 인공 지능은 적이 아니라 친구가 될 수 있습니다.

참고 도서 및 자료

『챗GPT: 마침내 찾아온 특이점』 반병현, 생능북스, 2023.

『비전공자도 이해할 수 있는 AI 지식』, 박상길, 반니, 2023.

『챗GPT 거대한 전환』 김수민 외, 알에이치코리아, 2023.

『GPT 제너레이션』 이시한, 북모먼트, 2023.

『챗GPT와 글쓰기』, 김철수, 위키북스, 2023.

『챗GPT에게 묻는 인류의 미래』 김대식 외, 동아시아, 2023.

『챗GPT 사용설명서』 송준용, 여의도책방, 2023.

『청소년을 위한 이것이 인공지능이다』 김명락, 슬로디미디어, 2022.

『나의 첫 인공지능 수업』 김진우, 메이트북스, 2022.

『세상에서 가장 쉬운 AI앱 수업』 공민수 외, 리틀에이, 2021.

『놀랍게 쉬운 인공지능의 이해와 학습』 한선관 외, 성안당, 2021.

『수학을 읽어드립니다』 남호성, 한국경제신문, 2021.

『AI 최강의 수업』 김진형, 매일경제신문사, 2020.

『가장 쉬운 AI 입문서』 오니시 가나코, 아티오, 2019.

『게으른 족제비와 말을 알아듣는 로봇』 가와조에 아이, 니케북스, 2019.

「GPT-4 Technical Report」, OpenAI, 2023.

「Measuring Massive Multitask Language Understanding」, Dan Hendrycks 외, 2021.

사진 출처

세상 궁금한 십대
지피지기 챗GPT

초판 1쇄 펴낸날 2023년 8월 18일
초판 3쇄 펴낸날 2024년 4월 1일

지은이 오승현
펴낸이 홍지연

편집 홍소연 이태화 차소영 서경민
디자인 박태연 박해연 정든해
마케팅 강점원 최은 신종연 김가영 김동휘
경영지원 정상희 여주현

펴낸곳 (주)우리학교
출판등록 제313-2009-26호(2009년 1월 5일)
제조국 대한민국
주소 04029 서울시 마포구 동교로12안길 8
전화 02-6012-6094
팩스 02-6012-6092
홈페이지 www.woorischool.co.kr
이메일 woorischool@naver.com

©오승현. 2023
ISBN 979-11-6755-220-4 43500

만든 사람들
교열 한지연
디자인 권수아